獣医師が考案した
ワンコの長生き腸活ごはん

狗狗健康腸道生活法

林 美彩 獸醫師◎著
古山範子 獸醫師◎監修

高慧芳◎譯

晨星出版

前言

身體所有的疾病與不舒服都與腸道有關！

我發現最近碰到的狗狗病例，飼主主訴的症狀都跟以前不太一樣了。像是：

「便祕、軟便、拉肚子等消化道的症狀」

「過敏」

「焦慮」

「異常的分泌物（例如眼淚或外耳炎）」

等等情況，都有激增的情形。

狗狗的生活明明應隨著昭和、平成、令和時代※的演進變得愈來愈好才對，為什麼會有這種現象呢？

我認為這些都與「腸道」有關。

腸腦軸線（腦腸軸線）是指大腦會受到腸道和腸道內菌叢的某種影響，相反地腸道和腸道內菌叢也會受到大腦的影響，而在最近的研究中，還顯示出腸道和腸內菌叢與腎臟的病變（腸腎軸線）以及肝臟（腸肝軸線）也密切相關。這意味著腸道與各個臟器都有著深厚的關聯。反過來說，這也表示了「如果腸道健康的話，是不是就能實現健康長壽的目標了呢？」這就是我決定要創作這本「腸道健康生活（腸活）食譜」的初衷。

本書以整本書的篇幅介紹能夠改善狗狗腸道健康的食材及食譜，若是能持續2週的話，狗狗的毛髮或是體重狀況或許能夠肉眼可見地獲得改善。而如果能夠持續下去的話，更希望大家能夠持續進行兩個月甚至兩年。

當您對維持狗狗的健康，或是因為老化對狗狗身體帶來的不良影響而感到煩惱時，請看看這本書。透過學習狗狗腸道健康的最新知識，未來或許會變得更加光明。現在就讓我們一起重整腸道，與狗狗一起邁向健康的未來吧！

※ 譯註：昭和～令和時代指的是西元1926年至今

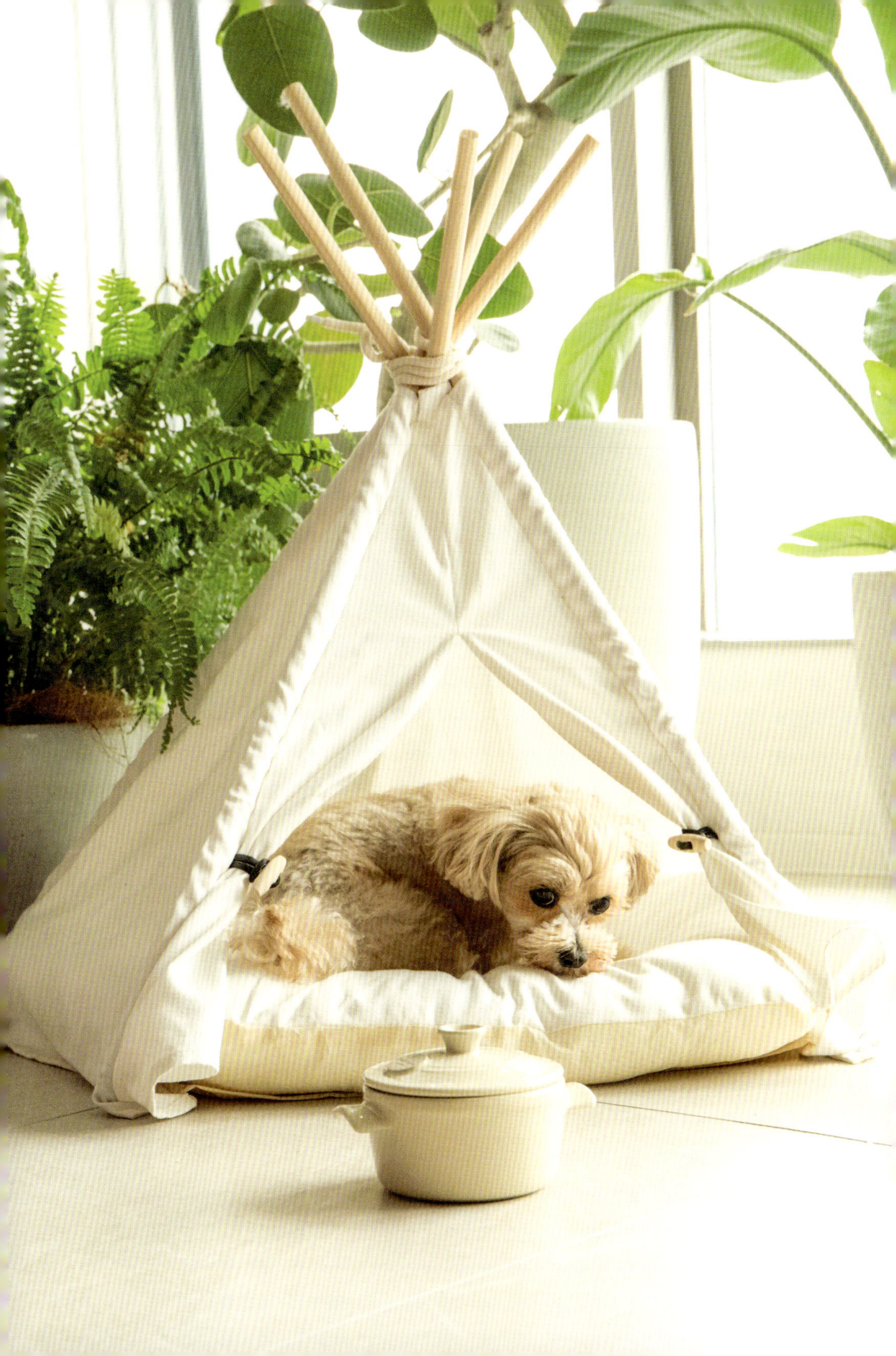

卷頭特別對話

（作者）**林 美彩** 獸醫師 × （監修）**古山範子** 獸醫師

目標是打造不易生病的身體，強調手作鮮食的重要性，並結合東洋醫學提倡代替療法。

從犬貓的手作鮮食開始，推廣巴哈花精療法（Bach Flower Remedy）、順勢療法（Homeopathy）等養生生活。

本書的主題是愛犬的「腸道健康生活」，
探討當今狗狗們有著什麼樣的腸內環境。
因此請了兩位每天與狗狗身體健康打交道的專家，
向我們分享腸道健康生活的必要性以及其益處。

現代的狗狗正在面臨 腸內環境惡化 的問題！ ——林醫師

古山醫師 近年來狗狗糞便變臭的問題愈來愈嚴重了，而且也有很多飼主反映說家裡的狗狗會出現便祕、軟便、拉肚子等消化道的症狀。

林醫師 我也有跟古山醫師一樣的感覺。而且除此之外，我也愈來愈常遇到有過敏性疾病跟精神不安的狗狗。

古山醫師 是的，正是如此。過敏等免疫性疾病以及內臟器官的慢性病都有增加的趨勢，而這些疾病很可能與腸內環境有關。

林醫師 乍看之下可能會有很多人覺得：「精神不安跟腸道有什麼關係？」但在美國進行的「人類微生物組計畫」（Human Microbiome Project）期中報告中，已有論文證明「自閉症與腸內菌叢」之間的關聯。我認為這個關聯對狗狗也一樣。

古山醫師 腸內環境會受到生活環境與飲食習慣很大的影響，所以我愈來愈強烈感受到調整這些因素的重要性。

過敏或許跟腸道問題有關，所以狗狗的「腸道健康」很重要 ——古山醫師

林醫師 現代的狗狗不論在生活還是在食物種類上都愈來愈多樣化，但在另一方面，我卻覺得有它們有時反而成為了狗狗壓力的來源。由於腸道負責了七成的免疫功能，調整腸道不只是打造健康體質對抗疾病的基礎，還因為腸道與許多臟器密切相關，所以我認為腸道健康生活就是長壽的關鍵。

古山醫師 即使是年幼的狗狗，有些也會反覆出現消化道的症狀，而且有些病例還很可能與過敏有關。而老年犬的腸內環境更容易失衡，且有許多狗狗還患有慢性疾病，更顯露出腸道健康生活的重要性，相信未來大家也會更加關注到這個方面。

從東洋醫學的觀點來看，想要健康長壽就必須調整腸內環境 ——林醫師

林醫師 在東洋醫學的觀念中，小腸與心臟、大腸與肺臟是相關聯的。心臟雖然是賴以生存最重要的器官，但有種說法認為在照顧心臟的時候若是可以連同腸道一起照顧，心臟的問題會更快痊癒。同時，肺臟掌管呼吸功能，並且是從外界攝取能量的器官，所以在照顧肺部的時候若是可以連同大腸一起照顧到，也會更快恢復到健康狀態。也就是說，若是能平時就確實保養小腸與大腸的健康，就能夠幫助到在體內負責重要功能的心臟與肺臟兩大器官，也就能打造出健康又長壽的身體了。

古山醫師 隨著現代獸醫醫療的進步，飼主們的健康意識也很高漲。其中雖然狗狗的壽命得以延長，但是要保持狗狗身心的健康長壽卻可能變得愈來愈困難。而調整腸內環境應該可以調節免疫功能、避免狗狗體重過重、以及預防慢性疾病。

\ 2週有感 /

狗狗健康腸道生活法

目次

前言 ………………………………… 2
作者：林 美彩 × 監修：古山範子
卷頭特別對話 ……………………… 4

第1章

狗狗腸道健康生活的

基本觀念 ……………………… 9

現代狗狗的腸道變成什麼樣了？ ……… 10
狗狗腸內環境的良好與不良狀態 ……… 12
調整腸內環境的好處是什麼呢？ ……… 14
確認狗狗的糞便狀態 …………………… 16
對狗狗腸道有益的日常生活 …………… 18
對狗狗腸道不利的日常生活 …………… 20
有益於腸道健康生活的成分是？ ……… 22
不利於腸道健康生活的成分是？ ……… 24
營養均衡的黃金比例 …………………… 26
腸道健康生活的5大原則 ……………… 28

第 2 章

10 種食材製作的

長壽腸活鮮食 ... 29

長壽腸活鮮食的餵食方法 ... 30
長壽腸活鮮食的注意事項 ... 32
推薦食材 1 高麗菜 ... 34
　高麗菜帆立貝沙丁魚米粉 ... 36
　濃稠蔬菜燉牛肉 ... 38
　鳥巢荷包蛋 ... 40
推薦食材 2 牛蒡 ... 42
　牛蒡豬肉味噌湯 ... 44
　牛蒡通心粉 ... 46
推薦食材 3 乾蘿蔔絲 ... 48
　乾蘿蔔絲雞肉丸子湯 ... 50
　乾蘿蔔絲蛋捲 ... 52
推薦食材 4 蓮藕 ... 54
　蓮藕御好燒 ... 56
　蓮藕勾芡漢堡排 ... 58
推薦食材 5 秋葵 ... 60
　番茄燴秋葵鯖魚 ... 62
　秋葵鮭魚義大利麵 ... 64
　秋葵肉捲 ... 66
推薦食材 6 燕麥 ... 68
　燕麥茶碗蒸 ... 70
　豆乳燉飯 ... 72

推薦食材 7 蘆筍 ... 74
　蘆筍番茄湯 ... 76
　蒸蔬菜佐鹽麴醬 ... 78
推薦食材 8 綠色香蕉 ... 80
　綠香蕉佐肉味噌醬 ... 82
　綠香蕉乾炒咖哩 ... 84
推薦食材 9 細絲昆布（薄削昆布）... 86
　細絲昆布烏龍麵 ... 88
推薦食材 10 白木耳（乾燥）... 90
　白木耳雜菜粥 ... 92

活用鮮食包或營養補充品 ... 94

第 3 章

安心又簡單！

長壽腸活零食 ... 95

「第一步」可以從零食開始！ ... 96
綠香蕉奶昔（常溫）... 98
奇異果豆乳優格慕斯 ... 99
發酵紅豆泥 ... 100
地瓜燕麥餅乾 ... 101
蒟蒻粉米穀粉可露麗 ... 102

第 4 章

獸醫師告訴你

腸道健康生活的心得與簡單的按摩 ……103

為什麼從狗狗年輕時就要開始執行腸道健康生活？ …… 104
不論什麼時候開始都不嫌晚？ …… 105
腸道健康生活要持續進行！ …… 106
有關狗狗健康與腸道的最新發現 …… 108
在狗狗日常照護中可以促進腸道健康的3個穴道 …… 110
調整體內氣、血、水的穴道按摩 …… 112
臉部按摩也有益腸道健康生活 …… 114

第 5 章

常見問題解答！

狗狗腸道健康生活 Q & A ……115

- 狗狗不肯吃腸活鮮食 …… 116
- 換成腸活鮮食後狗狗拉肚子了 …… 117
- 換成腸活鮮食後狗狗一直想吃更多 …… 117
- 換成腸活鮮食後狗狗似乎有點夏日倦怠 …… 117
- 換了食材狗狗變得不太相信我餵的飯 …… 118
- 狗狗好像有點肚子脹氣的樣子 …… 118
- 高齡犬也可以進行腸道健康生活嗎？ …… 119
- 工作太忙了無法煮鮮食 …… 119
- 腸活鮮食＋營養補充品，攝取這樣就夠了嗎？ …… 119
- 腸道健康生活能夠幫狗狗減重嗎？ …… 120
- 腸道健康生活之外應該養成的習慣 …… 121
- 聽說可以進行輕斷食法，是真的嗎？ …… 121
- 為了腸道健康生活我有給狗狗吃優格 …… 122
- 我想要為狗狗製作自己的腸活食譜！ …… 123
- 調整腸內環境除了有益健康還有呢？ …… 123
- 腸活食譜中需要添加營養補充品嗎？ …… 124
- 可以與狗狗的飼料一起餵食嗎？ …… 124
- 要怎麼找出對狗狗腸道有益的食材呢？ …… 124
- 腸道健康生活的檢查清單 …… 124

結語 …… 126

※本書編輯頁面中記載的商品原則上均為含稅價格，且為2024年2月5日當時的價格資訊。商品的實際價格與店鋪資訊可能會因各種原因發生變更。此外書中所載之圖片顏色與質感可能與實際商品略有不同，敬請見諒。

第**1**章

狗狗腸道健康生活的
基本觀念

想要開始對愛犬健康來說不可或缺的腸道健康生活，
先從了解狗狗的腸道開始。藉由學習現代狗狗的腸內環境，
讓我們一起為牠們打造更健康的生活型態！

> 跟過去有什麼不同?

現代狗狗的腸道變成什麼樣了?

近年來,狗狗的腸道健康受到愈來愈多的關注。
現在就來一起學習腸內菌叢的作用
以及當腸內環境失衡時會引發哪些問題吧!

狗狗腸道內有一個稱為腸內菌叢的細菌集合體，分為**好菌、壞菌和伺機性細菌**。

人類也是如此，而在狗狗的情況中，這些細菌的理想均衡比例為好菌 2：壞菌 1：伺機性細菌 7。一旦好菌與壞菌的平衡被打破時，就有可能導致腹瀉、便祕、肝臟或腎臟等內臟疾病，或是出現皮膚疾病如異位性皮膚炎、過敏以及心理疾病等各式各樣的健康問題。

身為獸醫，我發現現代的狗狗與過去的狗狗相比，與我們人類的關係變得更加緊密。而隨著醫療、環境和飲食的改善，長壽的狗狗也愈來愈多。另一方面，若是拿狗狗與牠們的祖先狼相比較的話，可以發現雖然狗狗的腸道的長度變得稍長且比較偏向「雜食性」，但與人類相比的話狗狗的體質依舊是比較偏向肉食性。

然而，現代的飲食中含有許多狗狗難以消化的營養素，這會讓胃腸的負擔變重，再加上生活環境中也充斥著有害物質，這些因素都會導致腸內環境失衡，所以也有不少狗狗出現了健康問題。

	身體還有與狼相近的部分？ **過去**的狗狗	完全變成了人類的同伴！ **現代**的狗狗
飲食	飼主的剩菜剩飯、貓飯※。	主要為狗狗飼料、偏向雜食。
居住	屋外庭院。	有冷暖氣的屋內。
醫療	「生病的話那是因為牠的壽命到了」。	「生病的話會在動物醫院進行與人類相同的治療！」

※ 譯註：給貓咪吃的剩菜拌飯，或是柴魚片醬油拌飯或湯泡飯。

> 細菌的比例很重要！

狗狗腸內環境的良好與不良狀態

想要健康，細菌的多樣性與平衡非常重要，
這一點在人類和狗狗都是一樣的。
那麼，現在就來詳細說明維持健康需要注意的重點。

　　就如同前一頁所敘述的，狗狗和人類一樣，無論是好菌還是壞菌，只要其中一種過多或過少都會讓腸道內的環境惡化，必須要加上伺機性細菌後維持在均衡狀態才能算是健康。重新強調一次，這些細菌的理想比例是**好菌：壞菌：伺機性細菌＝2：1：7**。好菌必須要多於壞菌，伺機性細菌才會站在好菌這一方。

　　伺機性細菌就如同字面的意思，這種細菌會根據生活習慣或飲食狀況等因素選擇支持優勢的一方。因此，一旦體內的壞菌增加，伺機性細菌就會去支持壞菌，進而使腸內環境惡化。而一旦狗狗的腸內環境惡化，就可能會引發過敏性皮膚炎或癌症等症狀出現，或甚至導致肥胖和糖尿病。此外，狗狗的腸內環境還會因為壓力、老化和食物等因素而惡化。

腸道健康生活的基本觀念

\對腸內環境造成不良影響的 No.1/
壓力

環境和氣候的急遽變化、運動量不足、長時間待在室內、沒人陪牠一起玩、被飼主責罵，這些都會導致狗狗的壓力。反過來說，與狗狗過多的互動或是飼養多隻狗狗也可能成為壓力來源，這些都是破壞腸內環境平衡的重要因素。

食物品質左右著腸內環境
飲食

含有大量脂肪或添加物的飲食除了會對身體造成負擔，也會對腸道內造成不良影響。另外因為治療疾病而投予的抗生素，有時也會影響到腸內環境。投予抗生素的目的雖然是為了抑制壞菌，但因為同時也會對好菌產生作用，所以也有可能造成腸道內環境的惡化。

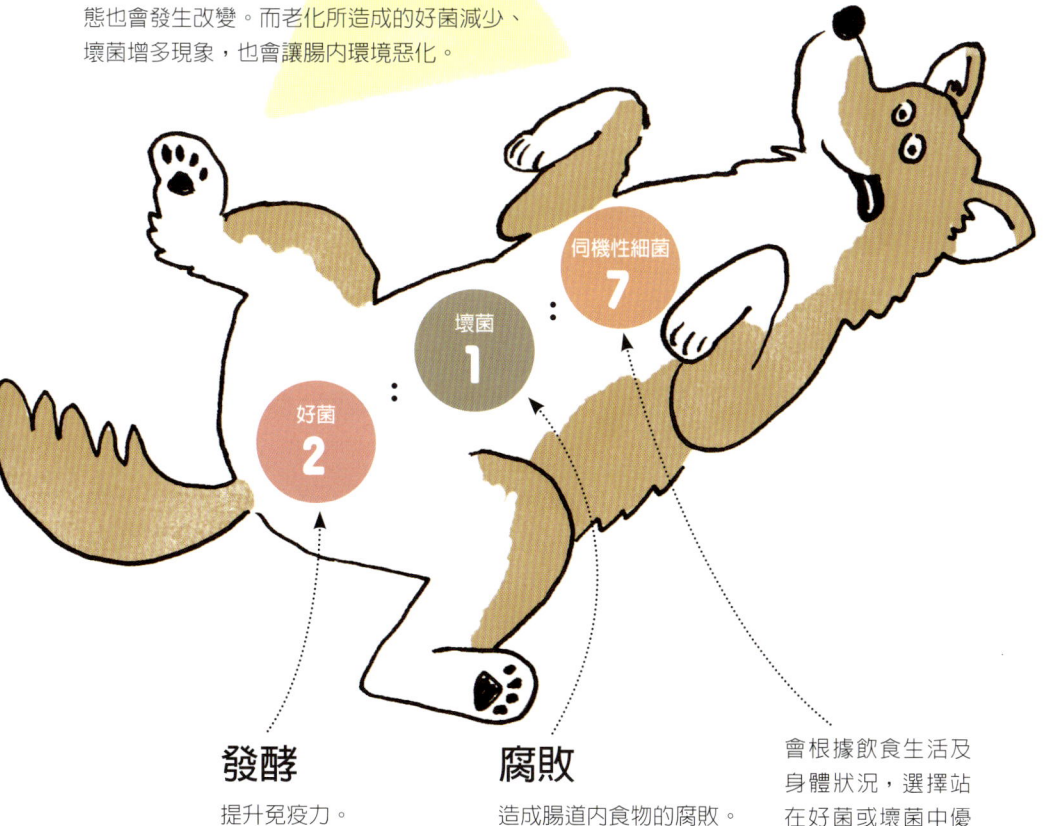

無法逃避的年歲增長
老化

隨著年歲增長狗狗的身體會逐漸老化，身體狀態也會發生改變。而老化所造成的好菌減少、壞菌增多現象，也會讓腸內環境惡化。

好菌 2 : 壞菌 1 : 伺機性細菌 7

發酵
提升免疫力。
幫助消化吸收。

腐敗
造成腸道內食物的腐敗。
產生毒素及有害物質。

會根據飲食生活及身體狀況，選擇站在好菌或壞菌中優勢的一方。

> 腸道負責了七成的免疫功能！？

調整腸內環境的好處是什麼呢？

腸內環境良好等於健康，
這一點大家應該已經知道了，
但具體而言有哪些好處呢？現在就來解答這個疑問。

由於腸道負責了七成的免疫功能，所以調整腸內環境讓免疫功能能徹底發揮作用就十分重要了。

那麼免疫是什麼呢？簡單來說，免疫是指身體對內部產生的各種異物作出反應，並將它們加以抑制的功能。例如當病毒進入體內時，身體會分泌傳導物質，命令它們破壞病毒的細胞。這種破壞病毒感染細胞的防禦功能就稱之為免疫。

這就表示，**免疫系統能正常運作＝維持健康＝長壽的祕訣**。

此外，如今我們也已知道了腦腸軸線、腸肝軸線、腸腎軸線、腸皮膚軸線等腸道與其他器官之間的相互關係。因此維持狗狗的腸道健康，從結果來看也有助於其他器官的保養。

實際上，近幾年就有大量論文的研究主題是針對腸內菌叢與疾病之間的關係，而這些論文也顯示出，患有異位性皮膚炎的狗狗其腸內菌叢的種類較少、肥胖狗狗腸內菌叢的比例失衡、還有認知功能下降的狗狗其腸內菌叢也比較不具有多樣性。

調整 免疫平衡

腸內環境均衡可以讓腸道的免疫細胞正常運作，比起腸內菌叢失衡時，罹患各種疾病的風險都會降低。

防止老化 的預期效果

老化不只是年齡增長造成的影響，還與細胞和組織的發炎有關。調整腸內環境可以讓免疫細胞保持在良好狀態，如此一來就能夠抑制發炎，有助於防止老化。

防止肥胖

整腸內環境的平衡可以讓體內製造出醋酸與酪酸等短鏈脂肪酸，而短鏈脂肪酸具有控制能量代謝的功能，對預防肥胖也有效果。

提升代謝力！

活化腸道能有效率地吸收營養素，將能量運送到身體的每個角落，促進血液循環並讓體溫上升。而當能量遍布各個器官時，還能夠活化器官功能，促進基礎代謝。

預防口臭

從食物中攝取到的碳水化合物或蛋白質若是在腸道內腐敗，讓壞菌增加導致腸道內環境惡化的話，就有可能造成口臭。所以增加腸道內的好菌十分重要。

增加 幸福賀爾蒙，狗狗不再焦躁不安！

藉由調整腸道環境，可以促進必須胺基酸中色胺酸的吸收，當其運送到腦部後，能在腦內產生血清素（幸福賀爾蒙），具有穩定精神或抑制過量攝食的效果。

> 養成每天的習慣！

確認狗狗的**糞便**狀態

腸道內環境的狀態可藉由觀察狗狗的糞便來確認。當腸道內環境不良時，糞便會呈現軟便或下痢等形狀，反之也可能會出現便祕。

狗狗當然是不會說話的，所以牠們的糞便就像是狗狗寫給主人的「情書」。每天觀察糞便的狀況是好是壞，對飼主來說是非常重要的一件事。

判斷的重點

- 每一次排便是否能順暢排出大約兩條的糞便？
- 糞便是否帶有溼潤感？
- 最好的情況是糞便會在地面上留下淡淡的一點痕跡，若是完全沒有則可能有一點便祕。

腸道的環境

偏向鹼性時

腸內菌叢中的壞菌處於優勢，所以容易「腐敗」。
一旦如此，就很容易排出臭味很重、顏色偏黑的硬便，換句話說就是比較容易便祕。

偏向弱酸性時

腸內菌叢中的好菌處於優勢，也就是「發酵」的狀態。
這種時候排出的糞便就會沒什麼糞臭味，顏色為黃褐色，並且含有適量的水分。

不過，糞便的狀態也會因為吃下去的食物而改變，所以請根據糞便的氣味、硬度與排便量進行判斷，同時還要注意狗狗有沒有出現放屁或口臭的情形。

腸道健康生活的基本觀念

目標是正常便！

狗狗糞便的形狀

羊屎便
一顆一顆硬硬的、像是羊便便或兔子便便的糞便。

乾硬便
水分含量少的硬便。

正常便
表面平滑、柔軟、香腸狀或是捲成一團的糞便。

軟便
雖然成形但無法直接撿起的糞便。

泥狀便
無法維持形狀或不成形的稀便。

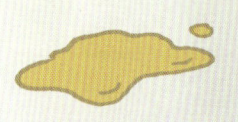

水樣便
呈現水狀幾乎沒有固體的液態糞便。

生活習慣是關鍵

對狗狗腸道有益的日常生活

對腸道造成不良影響的生活習慣可說是健康的大敵。
改變與愛犬的相處方式或是調整生活習慣，
都有助於建立對腸道友善的生活方式。

腸道健康生活的基本觀念

保持**良好的口腔環境**

狗狗的口腔環境偏向鹼性，所以幾乎不會有像人類一樣的蛀牙。不過狗狗的牙垢轉變成牙結石的速度非常快，大約 3 到 5 天就會形成牙結石。此外，狗狗的牙周病在近年來也愈來愈演變成一個問題。牙周病菌引起的慢性發炎不僅會破壞牙齒組織，還有可能成為誘發全身性疾病的危險因子。而研究也表明這些疾病大部分都與腸內細菌有關。

無壓力的生活

對於神經質的狗狗來說，僅僅只是家裡環境的變化或是搬家都可能造成壓力。

重要的是全家人應該穩定融洽地相處，為狗狗提供舒適的生活環境，同時也要注意外界的聲音。此外，與狗狗保持適度的交流也很重要。過度溺愛對狗狗並不好，不過也別忘記狗狗是一種隨時都想要與飼主互動的動物。還有帶著狗狗進行運動量適度的散步也非常重要。

如果狗狗出現咬自己的尾巴、追逐尾巴、過度舔舐身體導致皮膚炎、嚴重脫毛、腹瀉、血尿或嘔吐等症狀時，都可能是身體累積了過多壓力的信號。

適度的**運動量**

狗狗的運動量會根據年齡、犬種、生活型態、體型而不同，所以必須針對個體差異進行調整。以下是一般的標準：

超小型犬 的運動量
一天兩次（每次 20～30 分鐘）

小型犬～中型犬 的運動量
一天兩次（每次 30 分鐘～1 小時）

大型犬 的運動量
一天兩次（每次 1 小時以上）

添加物少的飲食、不會讓腸道受寒的**溫暖飲食**

防腐劑或人工甜味劑等食品添加物會讓腸道內的環境惡化。此外，過燙的食物也可能造成狗狗燙傷。給狗狗的食物最好保持在人類覺得「有點溫」的溫度。

適當的**睡眠**

雖然狗狗的睡眠時間跟運動量一樣會有個體差異，但狗狗的每天平均睡眠時間大約在 12～15 個小時！而若是未滿一歲的成長期狗狗或是高齡犬，則睡眠時間會更長，甚至一天能睡 18～19 個小時。

> 生活習慣是關鍵

對狗狗腸道不利的日常生活

這裡介紹幾個可能會對狗狗腸內環境造成不良影響的原因。

壓力過大

如果狗狗出現拉肚子或肚子痛等症狀時要特別注意。狗狗在感受到壓力時通常會刺激到交感神經,讓腸胃的蠕動出現問題。

沒有持續
為狗狗口腔護理

前面也曾說過,狗狗在 3～5 天內就會形成牙結石,所以牙齒的護理是一定要做的。在幫狗狗刷牙時,基本原則就是要「慢慢刷」、「輕輕刷」。而單靠潔牙骨並不能達到跟刷牙一樣的效果,所以請盡量親自幫狗狗刷牙。刷完時別忘了給牠們一些獎勵。

添加物多的飲食、冰冷的飲食

飲食生活失調會讓狗狗的腸內環境惡化。在狗狗的腸道內有雙歧桿菌、乳酸菌、酪酸菌等多種腸內菌叢棲息,而想要擁有一個健康的腸內環境,維持這些細菌的多樣性就是關鍵。可以試著改成富含膳食纖維的飲食!另外不建議直接給狗狗吃冰冷的食物,因為這樣會讓身體變寒。

生活作息紊亂
(睡眠不足、運動不足等)

運動不足可能會造成壞菌增殖,而睡眠不足則可能導致自律神經失調,對腸道也會造成不良影養。

為了讓狗狗能夠健康長壽……

有益於腸道健康生活的成分是？

在重新檢視日常飲食習慣的同時，
在這裡跟大家介紹幾種能夠維持狗狗健康體質、
有益於腸道健康生活的推薦成分。

利用**膳食纖維**來促進腸道健康生活！

狗狗的腸道健康生活就像耕作田地一樣，要從「改善土壤狀態」開始。

首先要改善大腸的狀態，讓各種腸內細菌能夠在此定居，並且需要它們均衡地發揮作用。為了達成這個耕種的目標，必不可少的便是分成不可溶性及可溶性兩大種類的**膳食纖維**。

無法溶於水的**不可溶性膳食纖維**，代表成分有穀物類、根莖類、豆類、蔬菜類及菇類等食物。它們的主要功能是增加糞便的體積量。糞便量的增加能促進刺激腸道蠕動，進而促進排便。同時它們還能清掃腸道，當糞便在大腸中移動時，能將附著腸壁上的糞便殘渣一起帶走。

另一方面，**可溶性膳食纖維**則包括海藻中的**褐藻糖膠**（Fucoidan）或牛蒡中的**菊糖**（Inulin）等成分。它們的主要功能是軟化糞便，讓排泄更順暢。此外，可溶性膳食纖維也是腸內細菌的食物。棲息在大腸中的益生菌大多喜歡以可溶性膳食纖維為食，若是有大量可溶性膳食纖維來到腸道的話，這些腸內細菌便會以此當作能量來源，增加自身的活動與勢力範圍。

需要注意的是，膳食纖維對於狗狗來說比較難以消化。因此在餵食時，務必記得要把食物切碎，並且最好在加熱後再餵食。

最近倍受關注的 **抗性澱粉**（Resistant Starch）

而我目前特別關注的成分則是**抗性澱粉**（Resistant Starch），它是一種在體內無法被消化的澱粉，因而也被稱為「難消化性澱粉」。

這種成分雖然屬於澱粉，但卻可以補充膳食纖維的不足。更厲害的是，抗性澱粉不僅僅是普通的膳食纖維，還屬於發酵性膳食纖維。膳食纖維這個詞大家應該都耳熟能詳了，但「發酵性膳食纖維」這個詞彙對許多人來說或許還很陌生。

發酵性膳食纖維能作為好菌的食物，幫助其發酵和增殖，同時還能生成有益於好菌生長的短鏈脂肪酸，維持腸道的弱酸性抑制壞菌繁殖，以及提高腸道的屏障功能來調節免疫機能。另外抗性澱粉還能夠作用於脂肪細胞，抑制脂肪的堆積和血糖值的上升，因此對於預防肥胖也有很好的效果！

> 對狗狗的腸道來說應該要減少攝取的

不利於腸道健康生活的成分是？

即使是人類常吃的食材，
對狗狗來說
也有許多成分不適合大量食用。
現在就來告訴大家各國都有在注意的
「不利於腸道健康生活」的成分。

含有**大量添加物**和**過氧化脂質**的食物

「添加物對人類來說也是應該儘量避免的物質。即使是優質脂肪，一旦氧化之後也會加速體內的發炎反應。」

α型酪蛋白（Casein）和乳糖

「主要存在於牛奶和優格等食品中。如果狗狗頻繁攝取 α 型酪蛋白就會出現拉肚子或便祕等腸道症狀的話，就要特別注意了。這是因為難以消化的酪蛋白過多，導致狗狗腸道發炎，進而引發了「腸漏症候群 (leaky gut syndrome)」。此外，牛奶和優格中的乳糖也可能引起腹瀉！相比之下，山羊奶中的酪蛋白和乳糖含量較低，所以更推薦給狗狗食用。」

腸道健康生活的基本觀念

凝集素（Lectin）

麩質（凝集素的一種）

「凝集素是一種植物性蛋白質，存在於豆類、糙米、蕎麥、馬鈴薯、番茄、茄子、黃瓜和玉米等食材中。近年來美國開始流行無凝集素飲食（Lectin-free）的言論，認同此言論者認為凝集素有害的原因在於它『難以消化』，所以如果攝取過多或是跟體質不合的話，凝集素可能會附著在腸道內，導致腸道發炎，甚至引發腸漏症候群！如果狗狗在食用這類食材後出現便祕或腹瀉的話，最好避免餵食。飼主如果擔心的話，可以向獸醫師諮詢！」

「目前有愈來愈多的狗狗開始進行無麩質飲食（Gluten-free），其原因是攝取麩質會導致一種名為解連蛋白（Zonulin）的蛋白質過度分泌，讓腸道變成有孔洞的狀態（腸漏症）。這種狀態會讓原本應該留在腸道內的食物和腸內細菌穿過細胞間隙滲漏到腸道之外，進而導致肥胖或過敏等症狀。像淚痕、外耳炎以及舔腳等症狀可能也與麩質有關。所以如果重視腸道健康生活的話，大量攝取小麥並不是一個適合的選項。」

> 長壽腸活鮮食

營養均衡的黃金比例

根據愛犬的體重，
第一步是先決定好做為主食的蛋白質（肉類或是魚類）。
即使碳水化合物很少也沒有關係！

蛋白質 1 ： 蔬菜

由於狗狗是偏雜食性的肉食動物，所以能否確實攝取到動物性蛋白質非常重要。不過攝取動物性蛋白質可能會讓腸道的環境偏向鹼性，形成壞菌容易作用的環境。

> 小鼠的實驗顯示……

限制熱量的攝取可以更長壽！？

雖然是在小鼠身上所進行的實驗，不過在這項研究報告中顯示，攝取低熱量飲食的小鼠比攝取高熱量飲食的小鼠壽命更長。這是因為與老化密切相關的端粒（Telomere）部分，在利用限制熱量攝取和只吃七分飽的方式來創造出空腹時間的情況下，會活化被稱為「長壽基因」的 Sirtuin 基因，進而有機會減緩老化的進程。

腸道健康生活的基本觀念

1～2 ： **碳水化合物 0.5**
（醣類＋膳食纖維）

建議標準！

雖然蔬菜這種食材對狗狗的身體構造來說不易消化，為了能攝取到膳食纖維，蔬菜依然是很重要的食材。不可溶性膳食纖維能促進排便，而可溶性膳食纖維則能夠被腸內細菌有效利用，讓腸道環境傾向於弱酸性，打造出一個有利於好菌作用的環境。

（如果是患有癌症的狗狗，則要減少碳水化合物尤其是醣類的攝取量，並增加蛋白質的攝取！）

碳水化合物是立即性的能量來源。能量攝取不足會讓狗狗容易疲勞，但攝取過多又會導致肥胖。因此最好選擇醣類少但富含膳食纖維的「低GI值」碳水化合物。

27

持續才是王道！

腸道健康生活的 5 大原則

① 每天不要忘了檢查狗狗的糞便。

② 腸活食材要輪流替換。食材數量盡量單純化。

③ 食材要切碎後再給狗狗吃。

④ 想辦法讓狗狗慢慢吃飯！

⑤ 記住狗狗跟飼主都需要無壓力的生活。

第 2 章

10種食材製作的
長壽腸活鮮食

為了能夠輕鬆地持續下去，
本書以超市容易購買到的食材為主，
介紹20道有助於調整腸內環境的
手作鮮食食譜。
此外還提供了
適合全家一起享用的料理建議，
幫助狗狗和我們一起改善體質。

利用剩下的食材為飼主做道好菜！

辣味噌炒高麗菜鴻喜菇	35
青海苔美乃滋拌牛蒡雞胸肉	43
乾蘿蔔絲炒櫻花蝦	49
蓮藕雞絞肉辣炒飯	55
涮豬肉佐秋葵塔塔醬	61
鮭魚燕麥沾醬＆燕麥餅乾	69
乾煎蘆筍佐杏鮑菇	75
雞絞肉綠香蕉泥	81
起司拌白菜細絲昆布	87
白木耳雞肉生薑湯	91

> 消化能力與運動量對食量有很大的影響！

長壽腸活鮮食的

餵食量的比例（以**5kg**狗狗的餵食量為一碗）

狗狗的體重：1kg、2kg、3kg、4kg、5kg、6kg、7kg、8kg、9kg

餵食量的比例：0.3、0.5、0.7、0.8、1、1.1、1.3、1.4、1.6

Q 狗狗吃了手作鮮食後變瘦了。

A 有很大的可能是因為提供的熱量不夠！

如果是雞肉的話可以試著將雞胸肉連皮一起餵，或是試試看添加亞麻仁油或鮭魚油。然後每週量一次體重，如果這樣還是變瘦的話，就可能要去動物醫院檢查一下。

Q 正在哺乳的狗狗要怎麼餵食呢？

A 懷孕第 7 週（後期）起到哺乳期間要餵 1.5 倍的量！

母犬從懷孕第 7 週（後期）開始需要的熱量是一般成犬的 1.5 倍，所以餵食量也要跟著增加。不過狗狗在懷孕時因為會壓迫到胃部，所以最好以少量多餐的方式餵食，務必要讓狗狗攝取到充分的營養。

餵食方法

這只是一般的建議標準，還要根據狗狗胃部可容納的量、消化能力、運動量多寡調整餵食量。

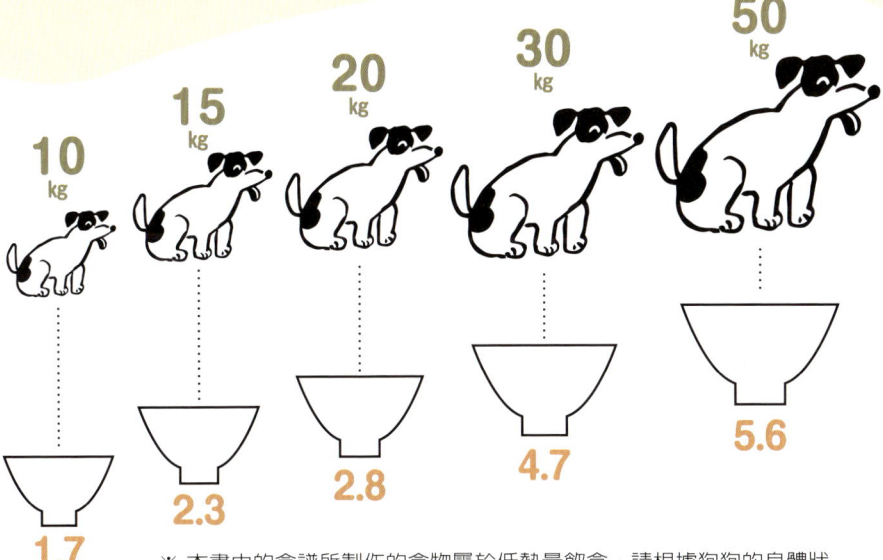

體重	10 kg	15 kg	20 kg	30 kg	50 kg
餵食量	1.7	2.3	2.8	4.7	5.6

※ 本書中的食譜所製作的食物屬於低熱量飲食，請根據狗狗的身體狀況、體重及血液檢查結果調整餵食量。若是運動量較大的成犬可以將餵食量增加至整體的1.2倍。

※ 如果有跟乾糧或溼糧搭配時，鮮食的餵食量請大約等於乾糧或溼糧減少的體積量。

Q 高齡犬有什麼需要特別注意的地方嗎？

A 高齡犬因為咀嚼能力和消化能力比較弱，所以更是要細心照顧！

有些狗狗即使食慾不好，但在看到食物被切成容易入口的大小並煮成香氣誘人的料理時，也會被喚醒食慾。而若是咀嚼力減弱的狗狗，可以將食物煮成粥狀，對消化能力下降的高齡犬來說，就要在食物上多花一些心思，例如將食物盡量切碎。如果狗狗之前都是吃狗飼料的話，可以先從添加配料開始，慢慢過渡到新的食物。

> 先連續吃2週試試看！

長壽腸活鮮食的

確保狗狗隨時都能喝到新鮮乾淨的水！

水分是營養素順利發揮作用不可或缺的物質。確保狗狗隨時都能喝到新鮮的水是我們飼主的責任。狗狗的體內有60％至70％是水分，若失去超過10％的水分就有可能面臨到生命危險。狗狗每天所需的水量為體重（kg）×0.75次方×132ml，不過這還包括了從食物中獲得的水分，所以實際飲水量的建議標準是狗狗的體重（kg）×50～70ml左右。如果狗狗一天喝到超過體重（kg）×100ml的水量，則是一種多喝的症狀，有可能與疾病有關。由於飲水量會根據飲食內容和季節變化而有所變化，所以掌握狗狗每天的飲水情況非常重要。

不要餵給狗狗 過燙的食物

給狗狗的食物溫度最好保持在35～40℃左右，大概是「用手指摸感覺有點溫溫的」的溫度最為合適。由於狗狗吃東西不會仔細咀嚼，因此如果飼主用手去摸食物覺得「好燙！」的話，可能會造成狗狗的喉嚨或口腔燙傷。

食材要 仔細切碎

這次介紹的食材因為都含有大量的膳食纖維，幾乎都算是不好消化的食物，所以在做菜時請仔細將這些食材切碎。此外，書中還收錄了乾蘿蔔絲雞肉丸子湯（P.50）、乾蘿蔔絲蛋捲（P.52）、蓮藕御好燒（P.56）、蓮藕勾芡漢堡排（P.58）、秋葵肉卷（P.66）等食譜，**這些食物全都需要將食材細細切碎後才能給狗狗吃。**

P.52的乾蘿蔔絲蛋捲也需要像這樣配合狗狗的咀嚼能力切成小塊。

注意事項

以下是餵食營養腸活鮮食時的注意事項。這些餐點特別適合不愛吃飯或是老年的狗狗食用！

避免每天都使用同樣的食材

即使狗狗特別喜歡某些食材，但若是每天都餵相同食物的話，營養會變得不均衡。這次我們準備了 10 種食材搭配出 20 道食譜，請靈活運用這些食譜，成功地為狗狗打造腸道健康生活。而為了讓飼主也能一起執行腸道健康生活，這次我們也準備了專屬於飼主的食譜。這樣狗狗與全家人就可以一起開心地開始腸道健康生活了！

可以多做一些冷凍保存！

如果每天都餵食相同的食材，狗狗畢竟也會吃膩。可以多做一些食物，將其分成每餐的量，待冷卻後放入冷凍庫。不過由於這樣會讓食物的新鮮度下降，最好在 10 天內食用完畢。

一次多做一些並事先冷凍保存起來，餵食時就會非常方便！

隨時注意狗狗的變化！

通常最明顯的變化會在剛開始餵食的 2～3 天內出現，例如狗狗的「尿尿和糞便的顏色及氣味不一樣了」或是「排出的糞便量不一樣」。之後隨著腸道健康生活的持續下去，如果出現「眼屎變少了」、「體溫上升了」、「體味變淡了」、「毛髮變得有光澤」、「變得更有活力」等現象時，就表示腸活進行得非常成功！而且，能看到狗狗開心地吃飯更是飼主最欣慰的事。

首先是高麗菜～

推薦食材
1

高麗菜

高麗菜的不可溶性膳食纖維能讓排便順暢，且腸內細菌能利用高麗菜所含的可溶性膳食纖維來產生短鏈脂肪酸。這樣會使腸內環境傾向酸性，創造出有利於好菌作用的環境。此外，維生素U（即高麗菜精）還對胃腸的粘膜具有保護作用！由於其低熱量的特性，也非常適合作為減重飲食。

推薦食材 1

高麗菜

主要營養素

膳食纖維
（不可溶性、可溶性）

維生素 U

維生素 C

高麗菜因為富含吸了水之後會膨脹的不可溶性膳食纖維，非常適合有點便祕的狗狗。所含的維生素 U 成分能夠抑制胃酸分泌過多，具有保護胃腸黏膜的的作用。還有維生素 C，其具有很強的抗氧化作用，能夠防止老化。

餵食時的注意事項

由於加熱過的高麗菜比生高麗菜更好消化，建議用水煮或炒的方式來加熱高麗菜。不過因為維生素 C 與維生素 U 很容易溶於水中，所以加熱時間要短而且只要加少量的水去煮即可。

p.36 的食材如有剩餘，可做成飼主專享的菜餚！

辣味噌炒高麗菜鴻喜菇

材料（2 人份）
高麗菜⋯⋯⋯⋯⋯ 200g
鴻喜菇⋯⋯⋯⋯⋯ 50g
A ┌ 減鹽味噌 1/2 大匙
　├ 酒⋯⋯⋯⋯ 1 大匙
　└ 切段辣椒⋯⋯ 少許
玄米油⋯⋯⋯⋯ 1 小匙

作法
1. 高麗菜切成大塊，鴻喜菇切掉根部後分成小朵。
2. 平底鍋加入玄米油，加入①後大火快速翻炒。蓋上鍋蓋轉小火，等蔬菜變軟後加入混合好的 A，均勻翻炒即可完成。

關鍵在於濃縮的海鮮高湯
以及大量蔬菜的正宗米粉

高麗菜帆立貝沙丁魚米粉

材料 5kg 狗狗的一天份（兩餐）

高麗菜	25g
水煮帆立貝（只有使用食鹽調味，並去掉干貝唇）	45g
水煮帆立貝罐頭湯汁	20ml ※ 肉和湯都有使用
沙丁魚（魚柳）	60g
黃椒	25g
鴻喜菇	20g
乾米粉	20g
水	200ml
橄欖油	1.5 小匙

作法

1. 高麗菜切絲，黃椒切成 5mm 寬的薄片，鴻喜菇稍微切碎。沙丁魚切成一口大小。

2. 用手將米粉折斷成 3cm 的長度。

3. 將水煮帆立貝罐頭的肉與湯分開。

4. 鍋中加入 200ml 的水，放入①中的蔬菜與香菇以中火煮沸。煮熟後加入②和③的湯汁。

5. 待米粉變軟後，加入①中的沙丁魚，轉小火蓋上鍋蓋，煮熟後加入切碎的帆立貝肉並攪拌均勻。

6. 等到所有食材煮熟後盛入碗中，最後淋上橄欖油即可完成。
   ※ 餵食時請注意沙丁魚的小刺。

身心都能
感到溫暖的溫和料理

推薦食材 1

高麗菜

濃稠蔬菜燉牛肉

材料 5kg 狗狗的一天份（兩餐）

高麗菜	30g
牛後腿肉塊	100g ※ 帶有部分脂肪
胡蘿蔔	40g
舞菇	30g
地瓜	50g
鰹魚與昆布混合高湯	150ml
亞麻仁油	1 小匙

作法

1. 將高麗菜切成大塊，胡蘿蔔切成 5mm 見方的小塊，舞菇略為切碎，地瓜切成 5mm 見方的小塊後泡水。
   ※ 由於地瓜含有草酸，要仔細沖過水後再使用。

2. 將牛後腿肉塊切成 1cm 見方的小塊。

3. 鍋中倒入鰹魚與昆布的混合高湯，加入①中的胡蘿蔔、舞菇和地瓜，用中火煮沸。

4. 煮熟後加入高麗菜，待所有蔬菜都煮熟後，加入②的牛肉。

2. 待牛後腿肉塊煮熟後，盛入碗中，淋上亞麻仁油即可完成。

鰹魚與昆布混合高湯的製作方法

材料

每 1ℓ 的水，加入昆布 5g 及柴魚片 15g

作法

在鍋中加入所需分量的水和昆布，事先浸泡約 30 分鐘。用中火偏小火的火力將鍋加熱約 10 分鐘，直到快要沸騰為止。從鍋中取出昆布後加入柴魚片，維持小火煮 1～2 分鐘，最後用篩網過濾湯汁即可。

雖然簡單但色香味俱全。
半熟的荷包蛋和香甜的蔬菜
可以讓狗狗食慾大開！

推薦食材 1

高麗菜

鳥巢荷包蛋

材料 5kg 狗狗的一天份（兩餐）

高麗菜	40g
薄切豬後腿肉片	80g ※ 帶有部分脂肪
鵪鶉蛋	3 顆
紅椒	30g
鴻喜菇	30g
馬鈴薯（去皮）	50g
橄欖油	1 小匙
岩鹽	0.2g
水	少許
玄米油	少許

還不能吃嗎？

作法

1. 將高麗菜、紅椒和馬鈴薯全部切絲，鴻喜菇稍微切碎。將豬後腿肉片切成 1cm 寬。

2. 在平底鍋中倒入玄米油，加入①中的蔬菜和鴻喜菇翻炒。

3. 當食材煮熟至一定程度後，將其集中成圓形並在中央挖個凹槽，將豬肉薄片排列在圓形邊緣，然後在中央的凹槽中打入鵪鶉蛋。

4. 加少量水蓋上鍋蓋，用小火至中火蒸煮。

5. 待所有食材煮熟後盛入碗中，最後淋上橄欖油並撒上岩鹽即可完成。

牛蒡也很好吃唷～

推薦食材
2

牛蒡

牛蒡富含可溶性和不可溶性膳食纖維，對狗狗的腸道健康生活來說也是不可或缺的食材。可溶性膳食纖維「菊糖」的作用能抑制醣類的吸收，因此非常適合正在減重的狗狗。牛蒡因為含有「蔗果三糖（kestose）（果寡醣的一種）」，可作為好菌的食物來源，所以是非常優秀的食材。

推薦食材 2 牛蒡

主要營養素

- 膳食纖維（不可溶性、可溶性）
- 必須胺基酸（精胺酸）
- 寡糖

牛蒡含有不可溶性膳食纖維「木質素」和可溶性膳食纖維「菊糖」，有助於增加腸內的好菌，同時能解決便祕問題。再加上含有必須胺基酸之一的「精胺酸」，有助於將體內的氨代謝到不具毒性後以尿液形式排出，因此也被認為有消除疲勞的功效。

餵食時的注意事項

牛蒡一般無法生食，這一點在狗狗也是一樣，所以請不要給狗狗生的牛蒡，請務必煮熟之後再餵食。

---

p.46 的食材如有剩餘，可做成飼主專享的菜餚！

青海苔美乃滋拌牛蒡雞胸肉

材料（2 人份）

- 牛蒡 …………… 100g
- 雞胸肉 ………… 50g
- 水煮蛋 ………… 1/2 顆
- A ┌ 酒 …………… 1 小匙
  └ 鹽 …………… 少許
- B ┌ 美乃滋 ……… 2 大匙
  │ 醬油 ………… 少許
  └ 青海苔 ……… 適量

作法

1. 將牛蒡削成薄片，快速過水後瀝乾。放入耐熱容器中蓋上保鮮膜並留出通氣口，以 600W 微波爐加熱 2 分鐘，然後將其放涼。
2. 將雞胸肉放入耐熱容器內，撒上 A 並蓋上保鮮膜保留通氣口，使用 600W 微波爐加熱 1 分鐘，然後翻面再加熱 1 分鐘，然後將其放涼。
3. 水煮蛋放入碗中壓碎，加入 B 與步驟①中的牛蒡，以及用手撕成方便食用大小的雞胸肉②，攪拌均勻即可完成。

料多味美、
營養均衡的一道佳餚

推薦食材 2

牛蒡

牛蒡豬肉味噌湯

材料 5kg 狗狗的一天份（兩餐）

牛蒡	20g
豬後腿肉片	60g ※ 帶有部分脂肪
油豆腐（去油處理過）	30g
胡蘿蔔	30g
鮮香菇	1 朵（約 15g）
蒟蒻絲	30g
小芋頭（去皮）	60g
烏龍麵（乾麵，無麩質）	10g

※ 如果使用生麵則大約 30g（切成小塊）

小魚乾	5g
昆布高湯（昆布 10g、水 1ℓ 的比例）	200ml
減鹽味噌	1 小匙

※ 如果擔心味噌的鹽分，建議使用適合狗狗的「超低鹽發芽玄米味噌 komakura（こまくら）」。

亞麻仁油	1 小匙
玄米油	少許

作法

① 將烏龍麵用手折成 3～4 等分，比包裝上的建議時間再多煮 2～3 分鐘。

② 牛蒡和胡蘿蔔連皮切成削成薄片，香菇的傘部切薄片，菇柄縱向撕成細條。小芋頭切成 1cm 見方的小塊，蒟蒻絲切成約 5mm 寬。豬後腿肉片切成 1cm 寬，油豆腐切成 1cm 寬的短條狀。
※ 由於小芋頭含有草酸，要仔細沖過水後再使用。

③ 鍋中加入少許玄米油，先放入豬肉片炒過之後，再加入蔬菜和香菇一起翻炒，待所有食材均有裹上油後，加入蒟蒻絲繼續翻炒。

④ 在③中加入昆布高湯，煮沸後撈掉浮沫，繼續煮到蔬菜熟透為止。

⑤ 加入油豆腐，等到煮熟之後將減鹽味噌溶入湯中。

⑥ 將煮好的烏龍麵與⑤盛入碗中，撒上手撕小魚乾並淋上亞麻仁油後即可完成。

鮮艷的色澤增加食慾！
欲罷不能的美味讓狗狗一吃就上癮

牛蒡通心粉

材料　5kg 狗狗的一天份（兩餐）

牛蒡	30g
雞胸肉（帶皮）	60g
雞肝	10g
水煮蛋	1/2 顆
綠花椰菜（已先燙熟）	30g
紅椒	20g
杏鮑菇	30g
通心粉（無麩質）	20g
亞麻仁油	1 小匙
岩鹽	0.3g
乾燥羅勒	少許（約 0.1g）

作法

1. 將通心粉比包裝上建議的時間再多煮 2～3 分鐘，煮好後瀝乾放入碗中，並加入亞麻仁油攪拌均勻。

2. 將牛蒡削成薄片，綠花椰菜、紅椒和杏鮑菇切成小丁。

3. 雞胸肉去皮後將雞肉切成 1cm 見方，雞皮與雞肝切成小丁。

4. 平底鍋中放入雞皮以小火加熱，開始出油時加入②的蔬菜翻炒，炒熟後加入雞胸肉和雞肝繼續翻炒。

5. 雞肉炒熟之後加入①的碗中，並加入切碎的水煮蛋、岩鹽和乾燥羅勒，一起攪拌均勻即可完成。

我超愛這道菜！

乾蘿蔔絲真是不錯吃～

推薦食材
3

乾蘿蔔絲

乾蘿蔔絲含有豐富的不可溶性膳食纖維，具有整腸作用。同時還含有豐富的鈣質，有助於強化骨骼和牙齒，所含的鐵質則能有效預防貧血。泡發乾蘿蔔絲的水中溶有水溶性營養素（例如維生素 B 群、維生素 C 等），連同泡發的水一起使用可以提升營養價值！

推薦食材 3
乾蘿蔔絲

主要營養素

膳食纖維
（不可溶性、可溶性）

鈣質

鉀

不可溶性膳食纖維能增加糞便的體積，促進排便消除便祕。水溶性膳食纖維則能夠減緩營養素的吸收速度，抑制血糖值急速上升。此外乾蘿蔔絲還含有鈣質能幫助骨骼和牙齒生成並有助於腦部正常運作，而所含的鉀則是會參與體內水分的代謝作用。

餵食時的注意事項

稍加清洗後用水慢慢泡發，並記得要切成小段。泡發的水中帶有鮮味，所以可以當作食材使用。

---

p.52 的食材如有剩餘，可做成飼主專享的菜餚！

乾蘿蔔絲炒櫻花蝦

材料（2 人份）

乾蘿蔔絲 ············ 30g
蛋液 ··············· 1/2 顆
櫻花蝦 ·············· 3g
豆苗 ··············· 10g
A ┌ 砂糖 ········· 1 小匙
　├ 味醂 ········· 1 小匙
　└ 醬油 ········· 1 小匙
玄米油 ············ 1 小匙

作法

❶ 將乾蘿蔔絲搓洗用水泡發，切成適合入口的長度。豆苗切段約 3cm。
❷ 在平底鍋中倒入玄米油，加入乾蘿蔔絲翻炒。
❸ 加入豆苗與櫻花蝦稍微拌炒，再加入調味料 A，最後沿著鍋邊倒入蛋液，快速翻炒均勻即可。

49

柔軟又美味的雞肉丸子！
還可以攝取到蛋白質！

乾蘿蔔絲雞肉丸子湯

材料　5kg 狗狗的一天份（兩餐）

乾蘿蔔絲	10g
雞絞肉	100g
雞肝	10g
小松菜	30g
金針菇	20g
粉絲（乾）	10g
亞麻仁油	1 小匙
柴魚高湯（柴魚片 30g、水 1ℓ 的比例）	150ml
水（泡發乾蘿蔔絲之用）	50ml
水（泡發粉絲之用）	50ml

作法

① 將乾蘿蔔絲用水稍加沖洗後，浸泡在 50ml 的水中泡發。泡發後將乾蘿蔔絲拿出擠乾後切成小丁，擠出來的汁液備用。

② 小松菜切成 1cm 寬，金針菇切成 5mm 寬。

③ 粉絲用手折成約 3cm 的長度，浸泡在 50ml 的水中。

④ 將雞絞肉與雞肝一起放入食物處理機中攪拌均勻，並做成肉丸。

⑤ 鍋中加入柴魚高湯與步驟①的汁液，加熱至沸騰後轉成中火，加入步驟①的乾蘿蔔絲和步驟②的食材，食材煮熟後將③連同泡發水與④一起加入。

⑥ 肉丸煮熟後將湯料盛入碗中，淋上亞麻仁油即可完成。

乾蘿蔔絲的甜味非常美味！
與蓬鬆的蛋捲是絕佳搭配！

推薦食材 3

乾蘿蔔絲

乾蘿蔔絲蛋捲

材料 5kg 狗狗的一天份（兩餐）

乾蘿蔔絲	10g
旗魚	50g
蛋液	1 顆半
櫻花蝦	2g
豆苗	15g
金針菇	20g
馬鈴薯（去皮）	30g
玄米油	1 小匙

作法

1. 將乾蘿蔔絲浸泡在水中輕輕搓洗，瀝乾後切成小丁。

2. 豆苗與金針菇切成 5mm 寬，馬鈴薯切成 5mm 見方的小塊。

3. 旗魚切成 1cm 見方的小塊。

4. 平底鍋中加入玄米油，加入①跟②翻炒。

5. 馬鈴薯炒熟後，加入③之旗魚繼續翻炒。當所有食材都炒熟後，加入櫻花蝦攪拌均勻，然後將所有食材盛出。

6. 平底鍋中另外加入少許玄米油加熱，倒入蛋液，將⑤倒回平底鍋用鍋鏟將蛋皮折成蛋捲狀後即可完成。

很好吃的樣子～

> 蓮藕好吃～

推薦食材
4

蓮藕

在中藥裡也會用到的蓮藕，因為富含不可溶性膳食纖維，對大腸具有清腸和排毒的效果。它還富含維生素C，與動物性蛋白質一起攝取時，能促進膠原蛋白的生成，有助於皮膚保養。此外，蓮藕含有豐富的澱粉，所以也可以當作狗狗日常活動的「能量來源」。

推薦食材 4

蓮藕

主要營養素

- 膳食纖維（不可溶性、可溶性）
- 維生素 C
- 單寧酸

由於蓮藕含有豐富的不可溶性膳食纖維，在腸道內吸收水分後會大量膨脹，增加糞便的體積並刺激腸壁。此外還有一點，那就是蓮藕的維生素 C 含量幾乎與檸檬相同。再加上蓮藕還含有單寧酸，讓蓮藕成為具有優異抗氧化作用的食材。

餵食時的注意事項

由於蓮藕的皮難以消化，所以一定要去皮後再使用。另外蓮藕中的不可溶性膳食纖維含量是可溶性膳食纖維的 6～9 倍，所以如果攝取過量可能會導致糞便量過多。

---

p.58 的食材如有剩餘，可做成飼主專享的菜餚！

蓮藕雞絞肉辣炒飯

材料（1 人份）

蓮藕	50g
煮好的白飯	200g
雞絞肉	50g
豌豆莢（或四季豆）	10g
蛋液	1/2 顆
豆瓣醬	1/3 小匙
A 醬油	1/2 大匙
A 岩鹽	少許
麻油	1 小匙

作法

① 將蓮藕去皮切成 1cm 見方的小塊後，過水後瀝乾並擦乾水分。豌豆莢切成 5mm 寬。

② 在平底鍋中加入 1/2 小匙的麻油加熱，倒入蛋液攪拌炒熟後取出備用。

③ 在同一平底鍋中加入剩下的麻油加熱，加入雞絞肉和蓮藕翻炒，待雞絞肉炒熟後加入豆瓣醬繼續翻炒。接著加入白飯、豌豆莢和②的炒蛋拌炒均勻，最後加入 A 攪拌均勻即完成。

可以同時享受到爽脆與
鬆軟 Q 彈的口感！

蓮藕御好燒

材料 5kg 狗狗的一天份（兩餐）

蓮藕（去皮）	20g
豬後腿肉片	50g
雞蛋	1 顆
高麗菜	30g
杏鮑菇	20g
山藥（去皮）	25g
米穀粉	15g
青海苔	0.3g
小魚乾	5g
水	1～2 大匙
玄米油	1 小匙

作法

1. 將蓮藕、高麗菜和杏鮑菇全部切成小丁。

2. 將山藥磨成泥，與蛋、米粉和適量的水混合後，加入步驟①的材料輕輕攪拌。

3. 豬後腿肉片切成 1cm 寬的條狀。

4. 平底鍋中加入玄米油，待鍋熱後將②倒入，並在上面擺放好③，用中火煎。

5. 煎至一面呈現焦黃時翻面，蓋上鍋蓋轉小火到煎熟為止。

6. 煎好後將餅盛入盤中，撒上撕碎的小魚乾和青海苔即可完成。

口感豐富的一道佳餚,
狗狗吃了也會覺得超滿足!

推薦食材 4

蓮藕

蓮藕勾芡漢堡排

材料 5kg 狗狗的一天份（兩餐）

蓮藕（去皮）	30g
雞絞肉	80g
雞肝	10g
蛋液	1/2 顆
豌豆莢（去掉蒂頭和粗纖維）	10g
乾香菇	1 朵（約 5g）
煮好的白飯	30g
太白粉水	1 大匙
	（太白粉 1 小匙 + 水 2 小匙）
橄欖油	1 小匙
岩鹽	0.3g
水	100ml

作法

1. 將乾香菇用水稍加清洗，香菇傘朝上放入耐熱容器中並加入所需水量，蓋上保鮮膜常溫放置 10 分鐘後用 600W 微波爐加熱約 20 秒，取出備用。

2. 將蓮藕、豌豆和步驟①中的乾香菇切成小丁。

3. 將雞絞肉、雞肝、蛋液、煮好的白飯和岩鹽放入食物處理機中混合均勻。

4. 將步驟②的蔬菜加入③中攪拌均勻。

5. 在平底鍋中加入橄欖油，熱鍋，將④用湯匙壓扁成形放入平底鍋中兩面煎熟。

6. 在煎漢堡排的期間，另取一鍋加入步驟①中的香菇泡發水加熱至沸騰之後，加入太白粉水攪拌勾芡。

7. 將⑤煎熟之後盛入盤中，淋上⑥的芡汁即可完成。

> 秋葵這食物很可以唷～

推薦食材
5

秋葵

秋葵富含可溶性膳食纖維中的果膠（黏液成分），能做為腸內細菌的食物來源，並且與短鏈脂肪酸的生成有關。此外，果膠具有保護消化道黏膜的作用，能促進腸道活動幫助排泄，因此對整個消化系統的健康也很有益處。秋葵還含有豐富的 β-胡蘿蔔素，能強化皮膚和黏膜。

推薦食材 5
秋葵

主要營養素

- 膳食纖維（不可溶性、可溶性）
- β-胡蘿蔔素
- 鈣質

秋葵含有比例均衡的不可溶性及可溶性膳食纖維，具有整腸作用，有預防及消除便祕的功效。可溶性膳食纖維中的果膠還具有抑制膽固醇的作用。此外，β-胡蘿蔔素能有效促進營養素發揮作用，有助於保持皮膚健康，與鈣質結合後還具有強化骨骼的效果。

餵食時的注意事項

雖然可以生吃也可以加熱後再吃，但對胃腸比較弱的狗狗來說最好還是煮熟後再給予。秋葵的蒂頭部分比較硬，所以記得要切掉。

p.66 的食材如有剩餘，可做成飼主專享的菜餚！

涮豬肉佐秋葵塔塔醬

材料（2人份）

秋葵⋯⋯⋯⋯⋯3根
豬肩里肌肉片⋯⋯⋯⋯⋯150g
鵪鶉蛋（水煮）⋯⋯4顆

A
美乃滋⋯⋯2大匙
煮秋葵與豬肩里肌肉片的湯汁⋯⋯⋯⋯1大匙
岩鹽⋯⋯⋯⋯少許
黑胡椒⋯⋯⋯少許
酒⋯⋯⋯⋯1大匙

作法

① 將秋葵用額外的鹽巴搓揉，接著放入沸騰的水中煮熟後，取出冷卻後切成碎末。

② 在①的鍋中加入酒後開火加熱，接著放入豬肩里肌肉片，煮熟之後撈出瀝乾，湯汁備用。

③ 將鵪鶉蛋壓碎，與①及調味料 A 混合均勻。

④ 將豬肩里肌肉盛盤，淋上③的醬汁即完成。

營養豐富、
料多味美的燉煮料理！

推薦食材 5

秋葵

番茄燴秋葵鯖魚

材料 5kg 狗狗的一天份（兩餐）

秋葵	30g
水煮鯖魚罐頭（無鹽）	80g
番茄罐頭（碎蕃茄、無鹽）	70g
鴻喜菇	20g
地瓜	30g
水	100ml
橄欖油	1 小匙

作法

1. 將地瓜切成 5mm 見方的小丁。
   ※ 由於地瓜含有草酸，要仔細沖過水後再使用。

2. 秋葵切成 3mm 長小段，鴻喜菇切成小丁。

3. 鍋中加入所需水量、①和②的鴻喜菇，以中火煮沸。

4. 食材煮熟後，加入②的秋葵、水煮鯖魚罐頭及番茄罐頭。將鯖魚壓碎與其他食材混合均勻，煮至沸騰後立刻關火。

5. 將煮好的食材盛入碗中，淋上橄欖油即可。

原來如此～～

粉紅色的鮭魚搭配星星狀的
綠色秋葵，色彩非常漂亮！

秋葵鮭魚義大利麵

材料　5kg 狗狗的一天份（兩餐）

秋葵	30g
水煮鮭魚罐頭（無鹽）	90g
蕪菁（去皮）	50g
蕪菁葉	40g
舞菇	20g
義大利麵（無麩質）	25g
橄欖油	1 小匙
玄米油	少許

作法

1. 將義大利麵用手折成 3～4 段，比包裝上建議的煮麵時間再多煮 2～3 分鐘。

2. 將秋葵切成 3mm 小段，蕪菁切成 5mm 見方，蕪菁葉切成 5mm 寬，舞菇切碎。

3. 在平底鍋中加入少許玄米油，放入②翻炒。

4. 食材煮熟後加入水煮鮭魚罐頭，將鮭魚弄碎並混合均勻。

5. 加入①與全部食材混合均勻後盛入碗中，最後淋上橄欖油即可完成。

分量十足的
蔬菜和肉類，
還能品嚐到豐富的口感！

秋葵肉捲

材料 5kg 狗狗的一天份（兩餐）

秋葵	4 根（約 40g）
豬肩里肌肉片	100g
鵪鶉蛋（水煮）	2 顆
胡蘿蔔	30g
金針菇	20g
南瓜（去皮）	45g
玄米油	1/2 小匙
岩鹽	0.3g
水	少許

作法

1. 將胡蘿蔔和南瓜切成 5mm 寬的條狀，並根據秋葵的長度切段，接著用 600W 微波爐加熱 1 分 30 秒，使其變軟備用。

2. 將金針菇分成 4 等份，鵪鶉蛋縱切成 4 片。

3. 在豬肩里肌肉片撒上岩鹽，然後用肉片將秋葵、①和②中的金針菇一起包住捲起來。

4. 平底鍋中加熱玄米油，以中火將③的豬肉煎熟後轉小火，加少量水蓋上鍋蓋燜燒。

5. 待所有食材煮熟後將肉捲盛入盤中，搭配鵪鶉蛋即可完成

這個我也很喜歡！

燕麥也來了~

推薦食材
6

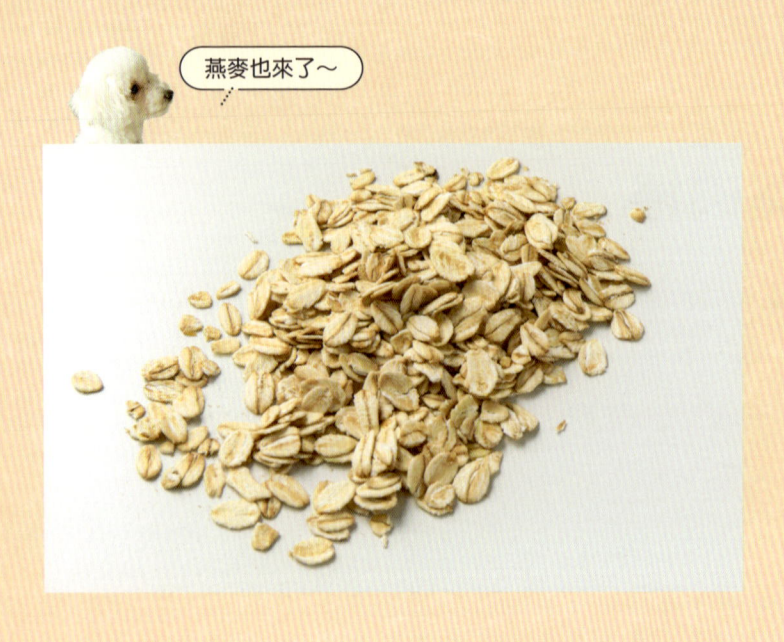

燕麥

抗性澱粉（難消化性澱粉）因為擁有與膳食纖維相似的功能而備受關注，而燕麥就含有豐富的抗性澱粉，並且還含有比例均衡的可溶性和不可溶性膳食纖維。除此之外，燕麥的胺基酸評分（評估食品中9種人類必須胺基酸比例的一種指標）更是高達100，可幫助身體攝取蛋白質。由於其低醣的特性，也非常適合作為減重飲食！

推薦食材 6

燕麥

主要營養素

- 膳食纖維（不可溶性、可溶性）
- 礦物質（鐵質、鋅、鈣質）
- 植物性蛋白質

燕麥因為含有豐富的鈣質，所以能促進骨骼的形成。這一點對於像吉娃娃犬這一類的小型犬特別重要，因為牠們支撐身體的腿十分纖細。此外，燕麥富含植物性蛋白質還是減重的好幫手。由於狗狗對膳食纖維的消化能力較差，因此在給狗狗吃燕麥片時，務必要充分泡軟後才能餵食。

餵食時的注意事項

如果要給狗狗吃的話，請記得要燉煮到軟爛後再餵。

---

p.72 的食材如有剩餘，可做成飼主專享的菜餚！

鮭魚燕麥沾醬 & 燕麥餅乾

鮭魚燕麥片沾醬
材料（2 人份）
- 生鮭魚切片……………………1 片（約 80g）
- 酒……………………………………1 小匙
- A [燕麥片……………………………40g
     豆漿……………………………100ml]
- 鹽片…………………………………1/3 小匙
- 黑胡椒………………………………少許

作法
1. 在生鮭魚皮上劃開幾道口子放入耐熱盤，撒上酒並鬆鬆地蓋上保鮮膜，使用 600W 微波加熱 1 分 30 秒。接著放涼並去掉魚皮和魚骨。
2. 將 A 放入耐熱碗中，用 600W 微波加熱 1 分 30 秒，然後放涼。
3. 將步驟①、②中的材料連同鹽、黑胡椒一起放入攪拌機攪拌均勻。

燕麥餅乾
材料（2 人份）
- 燕麥片……………………………100g
- 鹽…………………………………1/2 小匙
- 溫水………………………………60ml
- 橄欖油……………………………20g

作法
1. 將所有材料放入帶夾鍊袋中仔細揉捏均勻，然後用桿麵棍將其桿平成片狀。用廚房剪刀將夾鍊袋的兩端剪開。
2. 將烘焙紙鋪開在①的麵團上，再放上砧板然後翻面。小心撕開夾鍊袋，將麵團切成方便食用的大小。
3. 將麵團連同烘焙紙放在烤盤上，放入已預熱至 180°C 的烤箱中烤約 15～20 分鐘即可。

富含膳食纖維的燕麥片經過高湯的調味後
變身為美味的和風料理

燕麥茶碗蒸

材料 5kg 狗狗的一天份（兩餐）

燕麥片	3 大匙（約 15g）
雞腿肉	55g ※ 稍微帶皮
雞心	20g
雞蛋	1 顆
四季豆	2 根（約 20g）
乾香菇	1 朵（約 5g）
胡蘿蔔	20g
昆布高湯（昆布 10g、水 1ℓ 的比例）	50ml
水	100ml

※ 用於泡發乾香菇 / 之後取 50ml 的泡發水使用。

亞麻仁油	少許

作法

1. 將乾香菇稍加水洗後放入耐熱容器中，菇傘朝上加入所需水量，蓋上保鮮膜在室溫下靜置 10 分鐘後，用 600W 微波爐加熱約 20 秒，取出備用。

2. 將四季豆切成 5mm 長的小段，胡蘿蔔切成 5mm 見方，步驟①中的香菇切碎。雞腿肉切丁成 1cm 見方大小，雞心切碎。

3. 將雞蛋、昆布高湯和步驟①中的 50ml 香菇泡發水混合，製成蛋液。

4. 將②的食材和燕麥片放入耐熱容器中稍微攪拌，再倒入步驟③的蛋液。

5. 鬆鬆地蓋上保鮮膜，使用 600W 微波爐加熱約 3 分鐘，直到所有食材熟透，蛋液凝固之後，再淋上亞麻仁油即可完成。

看起來好好吃喔！

高飽足感的燉飯
特別適合
「需要減重」的小胖狗！

豆乳燉飯

材料 5kg 狗狗的一天份（兩餐）

燕麥片	20g
生鮭魚切片	70g
魚白子	10g
油豆腐（去油處理過）	10g
秋葵	1 根（約 13g）
紅椒	20g
金針菇	20g
豆漿	80ml
水	150ml ※ 分成 50ml 和 100ml
橄欖油	1/2 小匙

作法

① 將燕麥片用 50ml 水浸泡備用。

② 秋葵切成約 3mm 長小段，紅椒切成 5mm 見方的小丁，金針菇切碎成大約 3mm 長。

③ 將生鮭魚切片切成 3cm 寬，油豆腐切成 5mm 見方的小塊。

④ 將魚白子與豆漿一起放入食物處理機中攪拌均勻，製作成奶油狀。

⑤ 在鍋中加入 100ml 的水和②的蔬菜，開小火。待蔬菜煮熟後，加入①（燕麥片連同浸泡水）及③。

⑥ 等到鮭魚煮熟之後加入④混合。

⑦ 食材煮沸後立即關火，將其盛入碗中淋上橄欖油即可完成。
※ 餵食時要特別小心鮭魚的魚刺！！

難怪這麼好吃～

推薦食材 6
燕麥

> 這個我也可以吃～

推薦食材
7

蘆筍

蘆筍含有能增加好菌的蔗果三糖（果寡醣的一種），除了能成為腸道中好菌的食物外，還富含不可溶性膳食纖維，有助於清理大腸並進行排毒。此外，蘆筍含有天門冬胺酸，這種胺基酸能幫助身體處理代謝廢物並排出體外，搭配膳食纖維後更有助於身體的排毒。

推薦食材 7

蘆筍

主要營養素

- 膳食纖維（不可溶性、可溶性）
- 蔗果三糖
- 天門冬胺酸

蔗果三糖除了是乳酸菌、雙歧桿菌、酪酸菌等好菌的食物之外，這些好菌所產生的成分還能抑制壞菌的活性，因此能夠幫助維持腸內菌叢的平衡。天門冬胺酸能促進新陳代謝、提升免疫力以及消除身體的疲勞，同時還具有氨的解毒作用。

餵食時的注意事項

請勿生食，記得要煮過之後再給狗狗吃。

---

p.76 的食材如有剩餘，可做成飼主專享的菜餚！

乾煎蘆筍佐杏鮑菇

材料（2人份）
- 蘆筍 …………… 4根
- 杏鮑菇 ………… 50g
- 岩鹽 …………… 少許
- A ┌ 起司粉 …… 1大匙
    │ 乾燥香芹 … 少許
- 橄欖油 ………… 適量

作法
1. 將蘆筍靠根部的部分切掉大約1cm，並用削皮刀削掉下半部的硬皮。杏鮑菇切成1cm見方的小丁。
2. 平底鍋倒入橄欖油加熱，將蘆筍煎至兩面微焦，取出盛盤，撒上岩鹽。
3. 在同一平底鍋中煎炒①的杏鮑菇，然後放入碗中，與A混合均勻。
4. 將③淋在蘆筍上，接著再淋上橄欖油即可完成。

雞肉的鮮味
搭配微帶甜味的蘆筍
格外美味!

蘆筍番茄湯

材料 5kg 狗狗的一天份（兩餐）

蘆筍	40g
雞腿肉（帶皮）	100g
雞肝	10g
番茄罐頭（碎蕃茄、無鹽）	50g
杏鮑菇	30g
馬鈴薯（去皮）	50g
起司粉	少許
乾燥香芹	少許
水	100ml
MCT 油	1 小匙

作法

1. 削掉蘆筍根部的硬皮，斜切成 3mm 寬的片狀，杏鮑菇切成碎丁，馬鈴薯切成 5mm 見方的小丁。

2. 去掉雞腿肉的皮，將肉切成 1cm 見方的小丁，雞皮和雞肝切成碎丁。

3. 在鍋中放入所需水量和①之食材，開中火，等到食材煮熟後加入②，再用中火繼續煮。

4. 等到所有食材煮熟後，加入番茄罐頭，煮至沸騰後關火。

5. 將煮好的食材盛入碗中，撒上起司粉和乾燥香芹，最後淋上 MCT 油即可完成。

我最喜歡這道菜了～～

直接品嚐到
魚肉與蔬菜的
美味！

推薦食材 7

蘆筍

蒸蔬菜佐鹽麴醬

材料　5kg 狗狗的一天份（兩餐）

蘆筍	30g
鰤魚	80g
牡蠣（可食用部分）	20g
紅椒	30g
鴻喜菇	30g
南瓜	50g
亞麻仁油	1 小匙
鹽麴	1 小匙

多給我一點唷～

作法

1. 削掉蘆筍根部的硬皮後切成兩段，再依據粗細縱切成兩等分或四等分。紅椒切成細條，鴻喜菇縱切成兩等分，南瓜切成 3mm 寬的薄片
   ※ 如果狗狗的消化能力較差時則需要去掉南瓜皮。

2. 將鰤魚斜切成 1cm 寬的薄片，牡蠣用水仔細洗乾淨後備用。

3. 蒸籠用水沖溼後鋪上廚房紙巾，然後放上所有食材。

4. 在鍋中放入足量的水煮沸，沸騰後將蒸籠放在鍋上以大火蒸約 10 分鐘。

5. 所有食材都蒸熟以後，將其切成適合入口的大小放入碗中，淋上亞麻仁油和鹽麴即可。

什麼是綠色香蕉啊？？

推薦食材
8

綠色香蕉

尚未成熟轉變為黃色的香蕉稱為綠色香蕉。綠色香蕉因為含有大量抗性澱粉（也被稱為第三種膳食纖維）而備受關注。這些抗性澱粉到達大腸之後會成為短鏈脂肪酸的原料，讓腸道環境偏向酸性，形成有利於好菌發揮作用的工作環境。也有報告指出，抗性澱粉具有抑制血糖上升和預防發炎性腸道疾病的效果。

推薦食材 8 ：綠色香蕉

主要營養素

抗性澱粉　　色胺酸

綠色香蕉中含有的「RS2」第二類抗性澱粉（高直鏈澱粉）不僅能改善腸道環境，還能減緩餐後血糖的上升，並具有降低血液中膽固醇濃度的作用！綠色香蕉還含有豐富的色胺酸，能做為幸福賀爾蒙的原料。

餵食時的注意事項

綠色香蕉不可生食。需先將香蕉的兩端切除，過水後用保鮮膜包好，放入微波爐加熱 2 至 3 分鐘，等到香蕉皮出現裂縫後即可食用。

---

p.84 的食材如有剩餘，可做成飼主專享的菜餚！

雞絞肉綠香蕉泥

材料（2 人份）

綠色香蕉	1 根（淨重約 100g）
雞絞肉	20g
A ┌ 美乃滋	2 大匙
└ 乾燥香芹	少許
玄米油	少許

作法

❶ 將綠香蕉的兩端切除，過水後用保鮮膜包好，用 600W 微波爐加熱 2～3 分鐘，去皮後放入碗中壓碎。

❷ 平底鍋中倒入玄米油加熱，將雞絞肉炒熟後加入①的香蕉泥中。

❸ 放涼之後加入 A 攪拌均勻即可

味噌
讓綠色香蕉的風味
更加濃郁，
呈現醇厚的滋味！

綠香蕉佐肉味噌醬

材料 5kg 狗狗的一天份（兩餐）

綠香蕉（可食用部分）⋯⋯⋯⋯⋯⋯⋯⋯⋯ 60g
牛後腿肉片⋯⋯⋯⋯⋯⋯⋯⋯ 90g ※ 帶些許脂肪
牛肝 ⋯⋯⋯⋯⋯⋯⋯⋯⋯⋯⋯⋯⋯⋯⋯⋯ 10g
白蘿蔔⋯⋯⋯⋯⋯⋯⋯⋯⋯⋯⋯⋯⋯⋯⋯ 20g
蘿蔔葉⋯⋯⋯⋯⋯⋯⋯⋯⋯⋯⋯⋯⋯⋯⋯ 50g
黃椒 ⋯⋯⋯⋯⋯⋯⋯⋯⋯⋯⋯⋯⋯⋯⋯⋯ 40g
金針菇⋯⋯⋯⋯⋯⋯⋯⋯⋯⋯⋯⋯⋯⋯⋯ 30g
減鹽味噌⋯⋯⋯⋯⋯⋯⋯⋯⋯⋯⋯⋯⋯ 1 小匙
水 ⋯⋯⋯⋯⋯⋯⋯⋯⋯⋯⋯⋯⋯⋯⋯⋯ 50ml
玄米油⋯⋯⋯⋯⋯⋯⋯⋯⋯⋯⋯⋯⋯⋯ 1 小匙

作法

1. 將白蘿蔔與黃椒切成 5mm 見方，蘿蔔葉切成 5mm 寬，金針菇切段約 3mm 長。

2. 將牛後腿肉片與牛肝放入食物處理機中打成肉末。

3. 綠香蕉去皮後斜切成薄片。在平底鍋中加入玄米油，將香蕉片煎熟後盛出備用。

4. 在同一平底鍋中加入②翻炒，炒到半熟後加入①以小火翻炒。

5. 炒熟之後將水與減鹽味噌混合後倒入鍋中，煮到沸騰後關火。

6. 所有食材煮好再和③放在一起即可完成。

已經煮好了嗎？

綠香蕉的深邃風味讓料理更顯醇厚，成為絕品美味！

推薦食材 8

綠色香蕉

綠香蕉乾炒咖哩

材料 5kg 狗狗的一天份（兩餐）

綠香蕉	60g
雞絞肉	70g
雞肝	10g
雞胗	30g
胡蘿蔔	30g
青椒	50g
黃瓜	10g
馬鈴薯（去皮後磨成泥）	30g
洋菇	30g
薑黃粉	1/2 小匙
橄欖油	1 小匙

作法

1. 將胡蘿蔔、青椒、洋菇切成碎丁，綠香蕉去皮後切成 5mm 見方的小丁，黃瓜斜切成薄片備用。

2. 將雞肝與雞胗切成碎丁。

3. 在平底鍋中加入橄欖油，加熱後放入胡蘿蔔、洋菇和綠香蕉用中火翻炒。炒熟後加入青椒繼續翻炒。

4. 加入雞絞肉與②繼續翻炒至九分熟，然後加入馬鈴薯改成小火翻炒。

5. 等到所有食材都炒熟後加入薑黃粉攪拌均勻。將食材盛入盤中，最後用黃瓜片裝飾即可完成。

> 這個我也可以吃～

推薦食材
9

細絲昆布（薄削昆布）

細絲昆布含有豐富的水溶性膳食纖維，包括黏稠成分的海藻酸（algin）和褐藻醣膠（fucoidan）。它還含有豐富的麩胺酸，是可以做為腸道能量來源的麩醯胺酸之前驅體。此物質會刺激迷走神經（分布於頸部到胸部、腹部內臟的混合性神經，為副交感神經之一）增加胃液的分泌量，因此也有助於減輕消化的負擔。

推薦食材 9

細絲昆布

主要營養素

膳食纖維
（海藻酸、
褐藻醣膠）

鎂

鉀

海藻酸不僅能緩解便祕問題，還因為能夠抑制膽固醇和血糖值的上升而備受關注。此外，褐藻醣膠有助於提高免疫力，預防過敏及各種疾病的發生。另外細絲昆布還是礦物質的寶庫，所含的鎂能促進腸道蠕動，鉀則可以幫助身體將廢物排出體外。

餵食時的注意事項

昆布對於狗狗來說是一種不好消化的食材。儘管看起來柔軟，仍應將其切成小塊並少量餵食。另外，有些商品可能會使用到蜂蜜等成分，因此請務必要選擇無添加的昆布。

p.88 的食材
如有剩餘，可做成飼主專享的菜餚！

起司拌白菜細絲昆布

材料（2 人份）
白菜 ………… 200g
細絲昆布 ………… 2g
起司粉 ………… 1 小匙
鹽 ………… 少許

作法
❶ 將白菜縱向切成兩半之後再切段成 1cm 長，撒上鹽靜置 10 分鐘，然後將水分確實擠乾。
❷ 將起司粉和撕細的細絲昆布加入❶攪拌均勻即可

配料豐富的烏龍麵，
搭配上細絲昆布的
鮮美風味

細絲昆布烏龍麵

材料　5kg 狗狗的一天份（兩餐）

海帶絲	2g
豬後腿肉片	90g　※ 帶些許脂肪
白菜	50g
胡蘿蔔	30g
鴻喜菇	30g
烏龍麵（乾麵，無麩質）	30g
	※ 若使用生麵則大約 70g（切小塊）
水	200ml
MCT 油	1/2 小匙

作法

① 將烏龍麵用手折成 3～4 段，煮麵時間比包裝上建議時間再長一點。

② 將白菜、胡蘿蔔和鴻喜菇切成碎丁。豬後腿肉片切成 1cm 寬的條狀。

③ 鍋中加入 200ml 的水，將蔬菜和鴻喜菇放入鍋中以中火煮熟後，加入豬後腿肉片。

④ 豬後腿肉片煮熟後，加入①煮至沸騰後關火，盛入碗中最後撒上細絲昆布和 MCT 油即可完成。

可以吃了嗎？

> 我要大吃一頓！

推薦食材
10

白木耳（乾燥）

據說楊貴妃為了美容養顏特別喜歡吃白木耳，是富含可溶性膳食纖維的寶庫。由於能帶來飽足感，因此減重效果十分值得期待。白木耳在藥膳中被認為具有潤肺效果，而在東洋醫學中肺部與大腸是表裡一體的，因此能顧肺的食物也具有保健大腸的效果。

推薦食材 10

白木耳

主要營養素

膳食纖維（主要為可溶性）

維生素 D

白木耳富含的可溶性膳食纖維能抑制膽固醇的吸收，並幫助身體將其排出體外。此外白木耳還含有豐富的維生素 D，是狗狗不可缺少的營養素，維生素 D 與鈣質及磷的吸收有關，有助於維持牙齒、骨骼的健康並提升免疫力。

餵食時的注意事項

白木耳需要在浸泡的時候去除掉汙垢，浸泡的時間依大小而定，大的約 4～5 小時，小的約 1 小時。此外，還需要去掉蒂頭部分，並撕成小塊後再給狗狗吃！重點是要把白木耳煮到軟爛。

---

p.92 的食材如有剩餘，可做成飼主專享的菜餚！

白木耳雞肉生薑湯

材料（2 人份）

乾燥白木耳 ………… 10g
雞里肌肉 ……… 1 條
胡蘿蔔（去皮）……… 20g
薑（去皮）……… 10g
青江菜 ……… 30g
鹽麴 ……… 10g
岩鹽 ……… 1 小匙
黑胡椒 ……… 少許
水 ……… 400ml
麻油 ……… 1 小匙

作法

① 將白木耳放入大量的水中浸泡，待其軟化後去掉堅硬的蒂頭部分，並撕成適合入口的大小。
② 將雞里肌肉抹上鹽麴醃 10 分鐘。
③ 胡蘿蔔切成薄片，薑切成細絲，青江菜切段成 3cm 長。
④ 鍋中倒入麻油加熱後放入③翻炒，加入所需水量、①和②，蓋上鍋蓋用小火煮至雞里肌肉熟透。將煮熟的雞里肌肉取出，撕成適合入口的大小後放回鍋中。
⑤ 用岩鹽和黑胡椒調味即完成。

經過蛤蜊提味又能
讓身體溫暖起來的雜菜粥

白木耳雜菜粥

材料 5kg 狗狗的一天份（兩餐）

乾燥白木耳	3g
雞里肌肉	70g
蛤蜊（可食用部分，已吐過沙）	20g（帶殼約 50g）
青江菜	50g
胡蘿蔔	30g
煮好的白飯	40g
核桃（烘焙過的、無鹽）	2 顆（約 8g）
薑	少許
麻油	1 小匙
水	200ml

作法

1. 將白木耳稍微清洗後，放入大量的水中泡發備用。

2. 在鍋中加入 200ml 的水和蛤蜊加熱，煮出高湯後將殼與肉分開，並將蛤蜊肉切碎備用。

3. 青江菜切成 5mm 寬，胡蘿蔔和薑磨成泥。

4. 在裝有②蛤蜊高湯的鍋中加入撕成小塊的①白木耳、青江菜和煮好的白飯，以小火煮至青江菜變軟後，放入雞里肌肉。

5. 待雞里肌肉煮熟後取出並撕成小塊，再次放回鍋中。

6. 在鍋中加入胡蘿蔔和蛤蜊肉，煮至沸騰後關火。
   ※ 如果狗狗消化能力較差，也可以不加入蛤蜊肉。

7. 等到所有食材都煮熟後加入薑並攪拌均勻，最後盛入碗中撒上碎核桃並淋上麻油即可完成。

好香喔～～

今天沒空做腸活鮮食怎麼辦　想要輕鬆一點的腸道健康生活

這種時候可以
活用鮮食包或營養補充品

為了讓腸活鮮食的效果更為明顯，最好能夠至少持續2週。對於想要輕鬆進行腸道健康生活的人，這裡介紹幾種好用的寵物用品，大家可以試試看喔！

只要在家裡進行解凍就好
無添加物的鮮食包

若是覺得「手作鮮食看起來好像很難……」的話，這裡推薦一個救星給有此煩惱的飼主，那就是由身為獸醫師的我所監製的鮮食包。它是基於藥膳理念所製作的鮮食，選用了如高麗菜、真昆布等適合腸活的最佳食材。這種鮮食包不僅可以當作手作鮮食的替代品，也可以搭配乾糧一起餵食。本產品堅持食品的安全衛生，讓飼主可以安心給狗狗食用，並且使用的都是無添加的日本國產食材。送貨時以冷凍宅配方式送達，飼主可以隨時取用所需的分量，十分方便。

林美彩獸醫師的狗狗長壽鮮食包，有肉類鮮食包（雞肉）與魚類鮮食包（鮭魚）可以選擇，每包100g（聯絡方式：Fairness & Company）

訂購請掃描這裡！

可以添加在日常的餐食中！
大豆來源的乳酸菌營養補充品

若是營養補充品的話，這裡推薦含有16種乳酸菌發酵萃取物的產品。使用方法非常簡單，只需撒在平常的寵物飼料上即可。通常情況下，其他菌種在進入體內時可能會與原本的菌種有相容性的問題。但這款產品並不會有這樣的困擾，因為它並不是活的乳酸菌，而是能夠幫助腸內環境的發酵萃取物，並且能促進體內好菌的增長。此外，它很耐熱又能防止食物腐敗，非常適合與手作鮮食搭配使用。如果腸內環境獲得改善的話，淚痕等症狀也會減輕唷！

因為是液態，可以當成飲料喝！

右／COSMOS LACT FC 100ml 2970日圓（顧問式銷售商品）
左／COSMOS LACT 100ml 3300日圓（聯絡方式：Excel公司 03-5292-2981）
※ 此產品不可透過網路販售，僅在寵物美容沙龍等實體店面販售。

第 3 章

安心又簡單！
長壽腸活零食

「突然要我做手作鮮食感覺很難欸……」
對於這樣的飼主來說，簡單好做的「零食」是最佳選擇。
這些簡單又健康的零食使用了富含膳食纖維的食材，
也很適合當作家人飯後的甜點喔！

要怎麼開始腸道健康生活呢？

「第一步」
可以從零食開始！

雖說要開始腸道健康生活，
突然換掉平常的食物對狗狗來說也可能是種壓力，
不妨考慮從腸活零食開始。

　　給狗狗吃腸活零食的時候，要特別注意讓狗狗能夠一起攝取到充足的水分。因為膳食纖維有吸水膨脹的特性，所以也要避免讓狗狗吃太多。此外，足量的水分也可以讓狗狗排便通暢，所以還能保持腸道乾淨。在晚飯之前的空閒時間如果能吃到一些膳食纖維的話，狗狗會有飽足感，也能預防之後的晚飯吃得太多。

　　另外，寡糖雖然是甜的，但因為其低消化性與低能量的特性，對於減重中的狗狗也很合適。寡糖到了大腸之後會變成雙歧桿菌或乳酸菌等益生菌的食物，所以也具有增加狗狗腸內益生菌的效果。若是想給狗狗吃一點甜的，也可以把這些零食搭配優格或水果一起餵食。

1. 輕輕鬆鬆就能嘗試！來做一些**膳食纖維類**的零食吧！

考慮到狗狗的腸內環境，使用膳食纖維含量多的寒天、蔬菜（地瓜）、水果（鳳梨、奇異果）等食材的零食最為適合。富含可溶性膳食纖維的蒟蒻粉所做的零食也很不錯。而在最近，腸活鮮食章節中介紹過的綠色香蕉也很受到關注。

綠色香蕉在日本還不是很多人會用來做料理的食材，不過在厄瓜多等國家則被當作主食或是油炸料理的日常食物。綠色香蕉的特色就是在加熱之後鬆軟的口感意外地很像馬鈴薯或是栗子，因為味道並不強烈，所以可以應用在各種不同風格的零食中。

2. 跟飼主一起享用！**發酵紅豆泥**

紅豆所含的多酚具有抗氧化作用與肝臟保護作用，所以能幫助身體抗老化與排毒，還具有維持骨骼健康的效果。也因為含有豐富的膳食纖維所以能促進排便，其中的麴菌還能活化腸內細菌。在2021年中國的一項研究發現，紅豆能抑制體脂肪的堆積，並能夠減少壞膽固醇，所以對減重也有所幫助。由此可知，發酵紅豆泥不只適合做為飼主的點心，也非常適合當作愛犬的零食！

※5kg的狗狗每天的適當攝取量為大約1小匙，建議分成2〜5次少量餵食。

3. 活用**椰子油或MCT油**

在烤麵包或餅乾的時候，可以使用椰子油來代替奶油或其他油類。至於MCT油則不能加熱，但因為它與水果或甜點十分搭配，所以可以加一點點在冷的零食當中。MCT油具有抗菌作用，所以也能減少腸道內的壞菌。因為不會蓄積在體內，能夠有效率地代謝成能量，不只可以應用在減重方面，還能在體內生成「酮體」（具有活化長壽基因 sirtuin 基因的作用，有助於身體的抗氧化作用與抗老化作用），是一種很容易做為腦部能量的脂質。

（特別適合夏天）

綠香蕉奶昔（常溫）

作法

① 將綠香蕉的兩端切除，過水後用保鮮膜包好，用 600W 微波爐加熱 2～3 分鐘，剝皮後切成適當大小並放涼。

② 鳳梨去皮切成適當大小，高麗菜撕成適當大小。

③ 將①、②與所需水量放入攪拌機攪拌均勻，倒入容器中即可完成。

材料 5kg 狗狗的 2 餐份

綠色香蕉	20g
鳳梨	20g
高麗菜	20g
水	100ml

長壽腸活零食

在炎熱的季節裡讓身體冷卻下來

奇異果
豆乳
優格慕斯

材料 5kg 狗狗的 3～4 餐份

奇異果（去皮黃金奇異果、去皮綠色奇異果）………… 各 1/4 顆
豆乳優格………………… 20g
寒天粉…………………… 20g
水………………………… 100ml

作法

① 將奇異果切成 5mm 見方小丁，與豆乳優格混合備用。

② 寒天粉溶於水中，開火煮到沸騰後轉小火再煮 2 分鐘，關火與①混合均勻。

③ 倒入容器中放入冰箱冷卻凝固，再切成喜歡的大小後盛入碗中即可完成。

夏天真好～！

狗狗和飼主都能享用的一道美食！

發酵紅豆泥

材料　5kg 狗狗的 5～10 餐份

紅豆 …………………… 100g
米麴（乾燥）…………… 100g
水 ……………………… 400ml

作法

① 將紅豆稍微水洗後放入電子鍋並加入 300ml 的水，以炊飯功能炊煮兩次。

② 確認紅豆粒的變軟到可以輕鬆壓碎後，先從電子鍋取出，與 100ml 的水混合均勻。

③ 等到②的溫度降到 50～60℃左右時，加入米麴並混合。

④ 再度將混合物放入電子鍋蓋上溼布巾，在不蓋上鍋蓋的情況下按下保溫按鈕，保持在 50～60℃的溫度。

⑤ 期間需要多次攪拌，經過約 8 小時的保溫後即可完成。

長壽腸活零食

享受餅乾的口感

地瓜燕麥餅乾

作法

① 將地瓜削皮並切成適當大小，放入鍋中煮熟。
※ 地瓜含有草酸，要仔細沖水後再使用。

② 將煮熟的地瓜移至碗中壓碎，加入燕麥片、寡糖、椰子油和豆漿混合均勻。

③ 將混合物捏成喜歡的形狀，放入預熱至180°C的烤箱中烘烤10～15分鐘，放涼後即可完成。

材料 5kg 狗狗的 3～5 餐份

地瓜	50g
燕麥片	40g
寡糖糖漿	5g
椰子油	1 大匙
豆漿	1 大匙

超吸睛的點心

蒟蒻粉米穀粉可露麗

材料 5kg 狗狗的 4～8 餐份

蒟蒻粉	1 小匙
米穀粉	80g
雞蛋	1 顆
寡糖糖漿	2 大匙
豆漿	150ml
椰子油	1 大匙
橄欖油	適量
喜愛的水果	適量
豆乳優格	適量

作法

① 將米穀粉和蒟蒻粉過篩後混合均勻。

② 將豆漿與椰子油放入鍋中加熱（不要煮沸）備用。

③ 將步驟①、②與打散的雞蛋及寡糖糖漿混合均勻。

④ 在可露麗模具上塗上橄欖油，將③倒入模具中，放入預熱至 170℃ 的烤箱中烘烤約 10～15 分鐘，插入牙籤確認沒有生麵糊附著在牙籤上即可。
※ 也可以用平底鍋製作成鬆餅的形狀。

⑤ 按喜好用水果或豆乳優格裝飾。

第4章

獸醫師告訴你
腸道健康生活的
心得與簡單的按摩

在為狗狗進行腸道健康生活時，
飼主可以將腸道活化按摩也納入日常生活照顧中的一環。
只要按壓刺激幾個特定穴位，就可以改善全身的循環，促進消化並增強免疫力。
此外，本章也會介紹腸道健康生活的一些觀念以及最新知識。

> 開始腸道健康生活的最佳時機 ❶

為什麼從狗狗年輕時就要開始執行腸道健康生活？

腸道不僅掌管了大部分的免疫功能，還是被稱為「第二大腦」的重要器官。

就如同先前章節所提過的，腸內環境會受到日常飲食和生活環境的影響而發生大幅度的變化。儘管狗狗在年輕的時候身體還有自我調整的能力，但飼主若是能在早期就意識到以腸道健康為中心的生活方式，想必對狗狗的健康長壽也會有所助益。

此外，目前也已發現腸內菌叢的變化可能引發自體免疫性疾病和皮膚病，而且患有異位性皮膚炎的狗狗腸內細菌數量會比較少。同時，肥胖的狗狗腸內細菌常常會有失衡的情形，但在藉由改變飲食去改善腸內菌叢的比例之後，也能夠解決肥胖問題。

所以，腸道健康生活還是應該愈早開始愈好，對吧？

> 開始腸道健康生活的最佳時機 ❷

不論什麼時候開始都不嫌晚？

　　現在我們已經知道，狗狗的免疫細胞有七成位於腸道，因此儘管聽起來與前一頁的內容多少有些矛盾，但無論何時開始腸道健康生活都不嫌晚。

　　腸道是一個能夠再生的器官，因此無論從何時開始，都能讓腸道變得更健康，自律神經也能獲得調整。儘管如此，隨著狗狗年齡增長，當牠們生活中稍微發生變化時，都可能讓牠們感到不安。

　　所以我們身為飼主需要特別注意的就是，不要太過積極地去改變狗狗原本的日常生活。讓我們把腸道健康生活想得更簡單一點，先從能夠持續進行下去的小地方開始改變就好，等到這些變化逐漸融入日常生活後，再去嘗試新的方法就好。

　　無論如何，我們要做的就是「先踏出第一步」。

　　例如將零食換成有助於腸道健康的零食，應該就屬於比較容易開始的第一步。由於每隻狗狗腸道中的細菌種類並不是由遺傳決定的，所以不管從幾歲開始都可以讓其發生改變。

> 狗狗的腸道可以改變？

腸道健康生活要
持續進行！

　　狗狗的腸道環境要發生變化通常需要大約 2～3 週的時間，所以建議腸道健康生活至少要持 2 週。

　　我個人建議的持續時間是 3 個月。如果 3 個月後發現狗狗狀況改善就繼續進行。狗狗的身體可能會出現以下 3 種效果：

3 種效果
- 腸道環境改善
- 自律神經變得穩定
- 減輕壓力或改善心情

　　自律神經分成交感神經與副交感神經兩大類，兩者的作用如果能彼此平衡的話，就能維持自律神經的穩定。

自律神經失調的影響
- 身體狀況不佳，容易感染或出現過敏症狀
- 胃腸蠕動不佳，可能有拉肚子或便祕的情形發生
- 血壓不穩定
- 呼吸不順暢

　　俗話說「病由心生」，當心理狀態改善時，這也意味著包括腸道在內的全身正在朝著健康的方向發展。

　　若是狗狗的健康狀態沒有改善的話，請儘早至動物醫院就診。

另外，飼主們經常會問我「可以用狗狗飼料進行腸道健康生活嗎？」如果只回答簡單的 YES 或 NO 的話，很遺憾的，答案是「NO」。

　當然，不是說所有的狗狗飼料都無法做到，但一般市售的飼料在加工過程中常常會破壞營養素，並且含有大量的添加物，有些還含有消化率低的食物。此外還可能會有一些健康上的弊端，例如氧化的脂肪可能會對肝臟造成負擔，或者是沉積在血管內妨礙血液循環。

　如果想在餵食飼料的同時進行腸活的話，就必須注重飼料種類的選擇（例如選擇低溫低壓製法、使用優質原料、低脂肪含量的飼料），同時在飼料中添加手作鮮食或營養保健品。

　還有，也不建議每隔一天餵食狗狗飼料，因為這樣會讓腸活變得又要從頭開始「重啟」。建議可以一次多做一點手作鮮食，然後冷凍保存起來使用。

> 根據 Anicom 寵物保險公司的調查結果

有關狗狗
健康與腸道
的最新發現

　　根據「Anicom Holdings 寵物保險公司」自 2016 年開始針對寵物腸內菌叢的調查與研究結果顯示，「狗狗腸內環境的多樣性❶愈高，健康度❷就愈高」。研究結果也發現，狗狗腸內環境的多樣性不僅取決於先天因素，後天因素也能對其造成改變。

腸內環境的多樣性 × 健康度

健康度（%）／腸內環境的多樣性

腸內環境的多樣性愈高
健康度也會愈高！

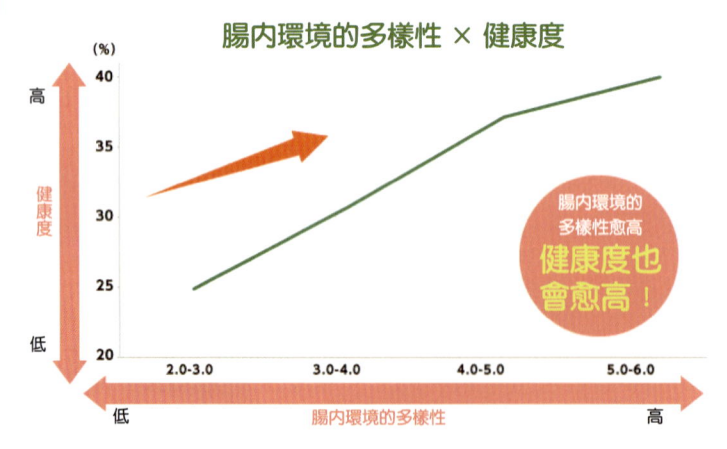

（N = 76,540 ／ 調查期間：2019 年 7 月～ 2022 年 4 月）

　　不論是什麼犬種或是年齡多大，牠們的腸內環境與健康之間都可能存有相關性。
　　此外，儘管還需要進一步的調查與研究，但未來應該也會得出「腸道內若能保持各種不同菌種的均衡生長，將有助於犬隻的健康」這一結論。

後天的因素也會對腸內環境的多樣性造成改變？

對同樣的狗狗分別在 0 歲、1 歲、2 歲時的腸內環境進行調查。調查時將 0 歲時的犬隻依據腸內環境的多樣性分成 4 組，並追蹤每個組別隨著年齡增長腸內環境發生的變化。

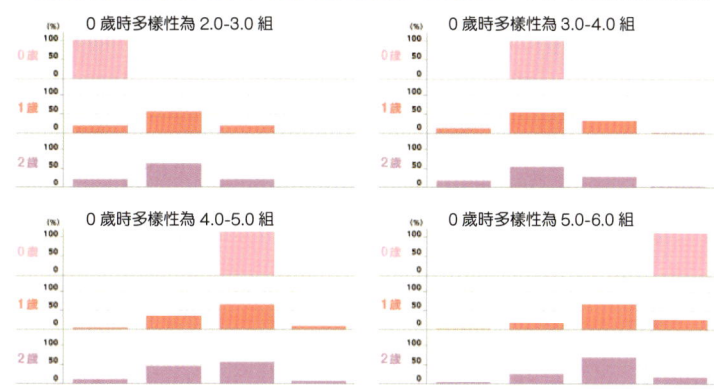

腸內環境多樣性隨著年齡增長所發生的變化
X軸：腸內環境的多樣性
Y軸：在各組全體所佔的比例

- 0 歲時多樣性為 2.0-3.0 組
- 0 歲時多樣性為 3.0-4.0 組
- 0 歲時多樣性為 4.0-5.0 組
- 0 歲時多樣性為 5.0-6.0 組

2.0-3.0 組：N=252，
3.0-4.0 組：N=2,204，
4.0-5.0 組：N=1,420，
5.0-6.0 組：N=433。
犬隻均自 0 歲起進行 3 次測定。所有品種／調查期間：2018 年 12 月～2022 年 3 月

調查結果顯示，所有群組的多樣性隨著年齡增長差異都變得更大了。即使 0 歲時被判定為「最低」的群組，在 1 歲或 2 歲時，其腸內環境的多樣性也可能會上升到與「高」或「最高」群組相同的水準，反之亦然。也就是說，狗狗的健康程度並非僅由先天因素（例如犬種等由遺傳決定的特性）所決定，還會受到後天因素（例如食物、環境、生活習慣等）的影響，這就表示改善腸內環境有機會提升寵物的健康程度。

換句話說，為寵物創造一個多種類細菌能夠均衡生存的環境，有可能促進牠們的健康。然而，寵物無法自行改變自己生存的環境，所以飼主平時就必須像關注自身的健康一樣，隨時注意寵物的健康。

註釋：
❶ 腸內環境的多樣性：使用「香農指數（Shannon Index）」此一指標來表達腸內細菌的多樣性。
❷ 健康度：以保險對象的保險契約中未請領過保險金的契約比例來表示「健康度」。並不代表個體動物與疾病之間的關係。（統計對象契約：以調查期間內參加寵物保險附加服務「動物健活（腸內菌叢測定）」：https://www.anicom-sompo.co.jp/special/doubutsu_kenkatsu/」的 0～3 歲動物為對象，並排除因特定傷病（骨折、誤食）而有請領保險金的動物）。

出處：Anicom Holdings 2022 年 8 月 1 日發布之
《研究發現，犬隻腸內環境愈具有多樣性，健康度就愈高！》

> 促進腸道健康的穴位刺激 ❶

在狗狗日常照護中可以促進腸道健康的 3個穴道

了解狗狗的喜好,並將定期按摩穴位融入到狗狗的日常生活中,不僅可以促進腸道健康,還可以增進與狗狗之間的交流,甚至可能早期發現到潛在的重大疾病!

為狗狗按摩能提升牠們的自癒能力,藉由刺激全身的經絡,可以改善「氣、血、水」的循環,增強免疫力並促進消化。理想狀態是養成每天按摩的習慣,但記得飯後至少要間隔30分鐘以上。此外,飼主在按摩前應先溫暖雙手,並且絕對不可用力按壓穴位,只要用像是把氣球稍微壓出凹陷的力道即可。

穴位不須太過精確,只要感覺「大概在這一帶吧?」就可以了。即使按壓的位置稍微偏離,刺激仍然會傳達到穴道,理論上光是這樣就能產生相當的效果。此外,飼主在忙碌的時候幫狗狗按摩,狗狗也無法得到放鬆,因此請選擇一個時間上跟心情上都很充裕的時機來幫狗狗按摩。

第一步的準備工作!

狗狗按摩之前的準備工作,必須先讓狗狗的胸部和腹部處於放鬆的位置(肌肉放鬆的狀態)。可以讓狗狗仰躺在柔軟的墊子、毛巾布,或是飼主的兩腿之間,幫助狗狗放鬆。

狗狗像這樣處在放鬆的狀態時,就是幫牠
按摩穴道的好機會!

簡單的按摩

穴道刺激 用手掌在狗狗肚臍的周圍以順時針方向慢慢按摩刺激。

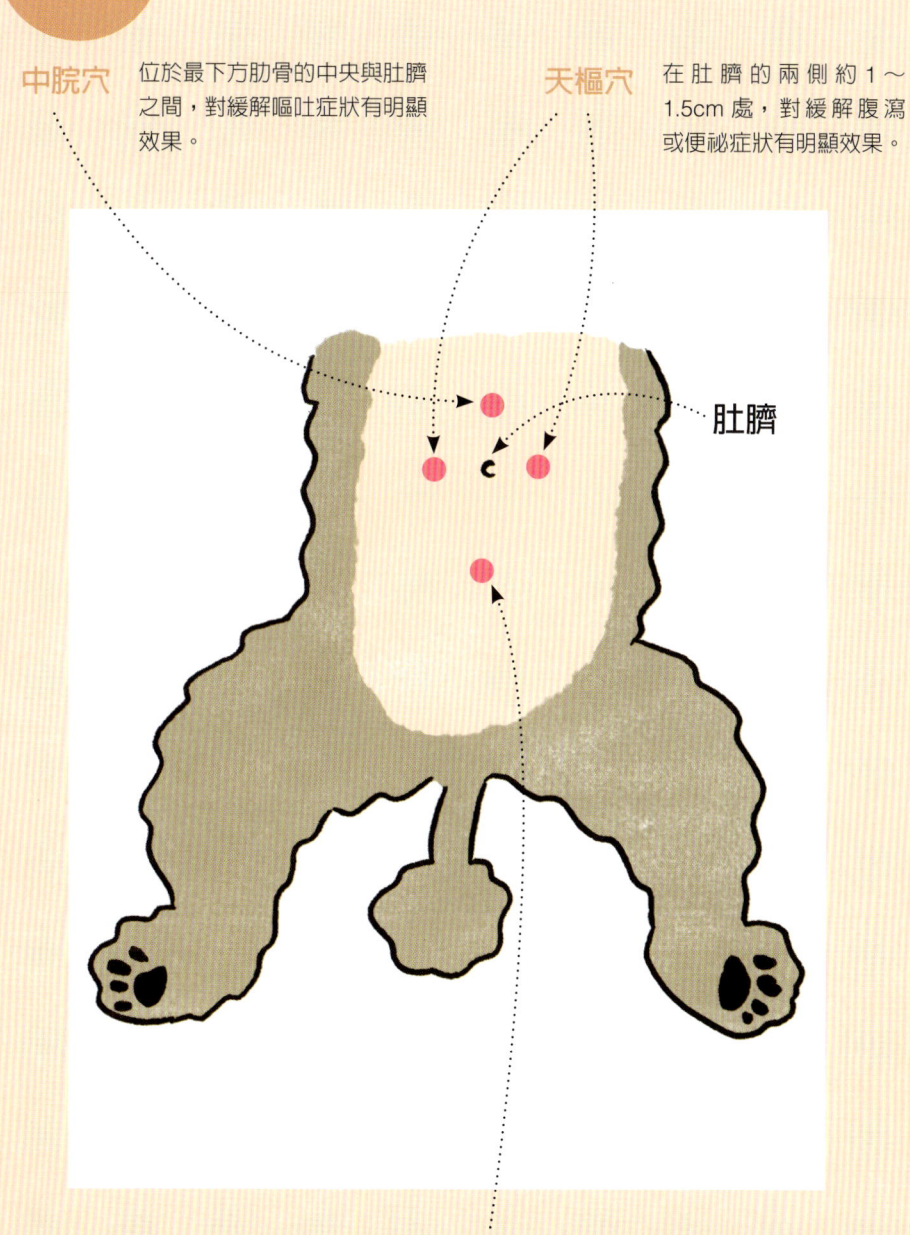

中脘穴　位於最下方肋骨的中央與肚臍之間，對緩解嘔吐症狀有明顯效果。

天樞穴　在肚臍的兩側約1〜1.5cm處，對緩解腹瀉或便祕症狀有明顯效果。

肚臍

關元穴　位於肚臍下方4根狗狗腳趾寬度的位置，能促進血液循環。

111

促進腸道健康的穴位刺激 ❷

調整體內氣、血、水的穴道按摩

「氣」是生命的源泉。當身體的氣流動不順暢時，身體就會出現不舒服的感覺，像是容易疲倦、精力衰退等症狀，持續下去的話甚至可能引發內臟方面的疾病。此外，攜帶營養的液體（在西方醫學中指的是血液）——「血」，會將營養運送到全身，並具有穩定精神的作用。而「水」則是指身體內除了血液之外的水分，能給身體帶來滋潤、抑制多餘的熱，並促進身體的排泄。

也就是說，讓體內的「氣、血、水」沒有滯礙地流動順暢，正是狗狗穴位按摩的核心。飼主只須在平時有空的時間進行就可以了，用輕柔的力道去刺激也能出現效果喔！

氣海穴 在肚臍與關元穴之間的中間位置，位於肚臍下方約兩根狗狗腳趾寬的穴位。這個穴位比起直接指壓，用手掌包覆住穴道的周圍輕輕按摩生熱更能發揮效果。對慢性腹瀉或是因壓力引起的肚子不舒服特別有效。

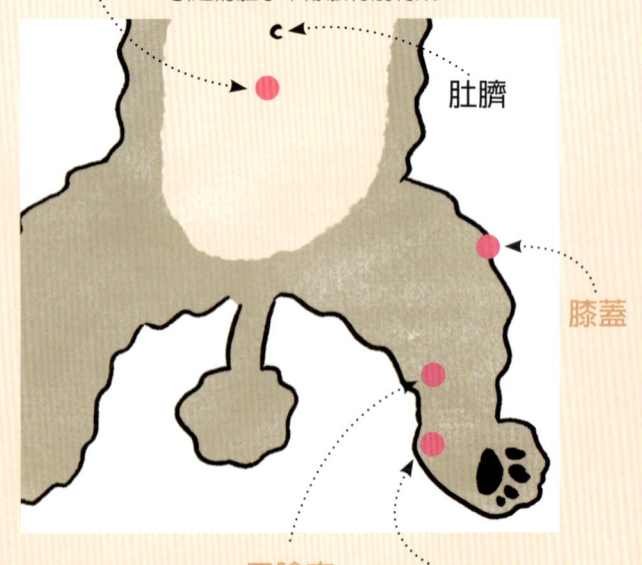

肚臍

膝蓋

三陰交 位在狗狗後腿內側，腳跟與膝蓋連成的直線上，從下往上 2/5 的位置。對於因為受涼而引起的胃腸問題特別有效。

腳跟

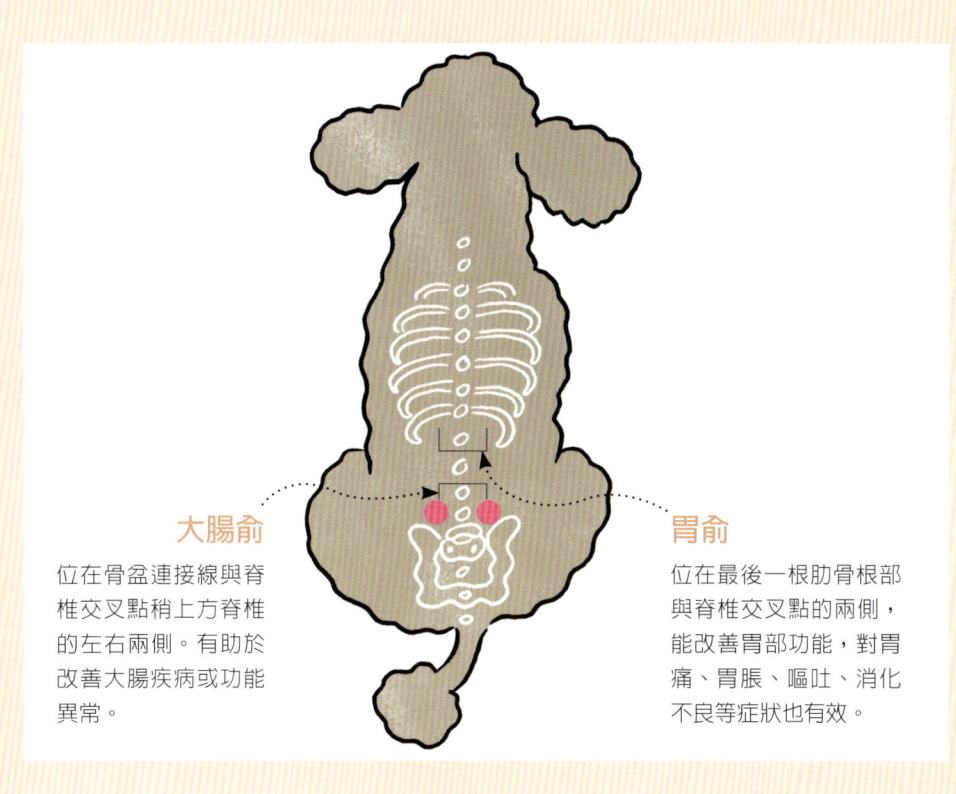

簡單的按摩

大腸俞
位在骨盆連接線與脊椎交叉點稍上方脊椎的左右兩側。有助於改善大腸疾病或功能異常。

胃俞
位在最後一根肋骨根部與脊椎交叉點的兩側，能改善胃部功能，對胃痛、胃脹、嘔吐、消化不良等症狀也有效。

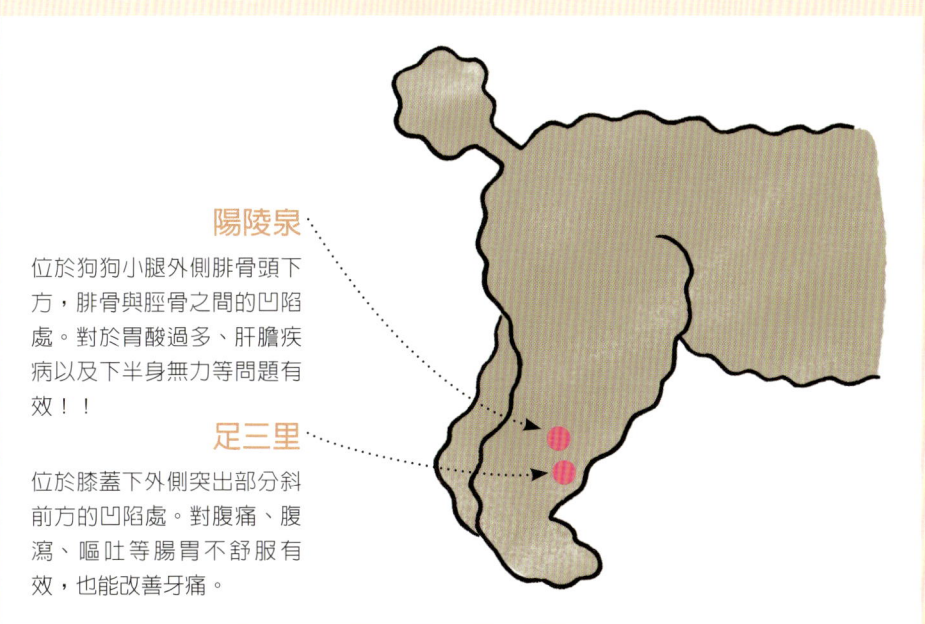

陽陵泉
位於狗狗小腿外側腓骨頭下方，腓骨與脛骨之間的凹陷處。對於胃酸過多、肝膽疾病以及下半身無力等問題有效！！

足三里
位於膝蓋下外側突出部分斜前方的凹陷處。對腹痛、腹瀉、嘔吐等腸胃不舒服有效，也能改善牙痛。

113

促進腸道健康的穴位刺激 ③

臉部按摩
也有益腸道健康生活

飼主可以儘量多觸碰狗狗的臉部。尤其是會擔心刺激到狗狗肚子的飼主，就可以幫狗狗進行臉部按摩。臉部按摩的訣竅也是輕柔緩慢地移動，輕輕地用手指或手掌順著毛髮的走向移動。如果突然將手伸到狗狗面前可能會嚇到牠們，所以一開始要先讓牠習慣被觸碰的感覺。

胃經

大腸經

小腸經

第 **5** 章

常見問題解答！
狗狗腸道健康生活
Q&A

針對狗狗「長壽的腸道健康生活」，
由作者林醫師來回答相關的疑問及煩惱。
例如「換成鮮食後狗狗拉肚子了」
「高齡犬也可以進行腸道健康生活嗎？」
「輕斷食對狗狗好嗎？」等，
對大家的問題提供建議。
現在就來踏出腸道健康生活的第一步吧！

01
狗狗
不肯吃腸活鮮食

**飼主要知道狗狗
喜歡跟討厭吃的東西！**

　食譜中可能會包含狗狗不喜歡吃的食材，因此第一步可以先從少量的腸道健康食材開始，添加在狗狗平常吃的飼料裡。強迫餵食會對狗狗造成壓力，反而會打亂牠們的腸道環境。

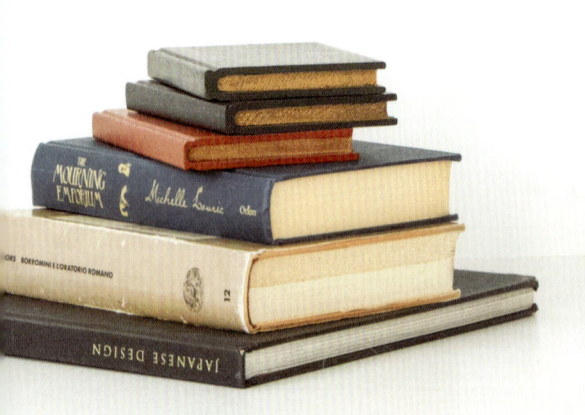

狗狗腸道健康生活 Q＆A

03
換成腸活鮮食後
狗狗一直想吃更多

> **切勿**
> 讓狗狗吃太多！

　由於腸活鮮食有特別減少多餘的熱量，所以請根據狗狗的體重變化、體態評估表（Body Condition Score, BCS）和排便狀況來調整餵食量。即使是腸活鮮食，也切忌食用過量，而且過度食用也會增加狗狗腸胃的負擔，飼主必須多加留意。

※ BCS 可參考《獸醫師的狗狗長壽鮮食》（世界文化社）第 112 頁。

02
換成腸活鮮食後
狗狗拉肚子了

> 等到拉肚子的情況緩解之後
> 再**慢慢改變食物**！

　如果突然把狗狗原本的飲食突然全都換掉，牠們腸胃可能會受到驚嚇而出現拉肚子的情況。此外，也有可能是因為食材不適合或是消化不良而引起，所以如果可以事先記錄好狗狗吃了哪些食材、鮮食是如何烹飪的，應該可以找出拉肚子的原因。

　無論如何，要等到拉肚子的情況緩解之後，再逐步去更改飲食。除了飲食的影響，也有可能是因為承受了壓力大或是氣溫變化劇烈所造成，所以也要確認除了飲食之外是否在生活上有什麼變化發生。

04
換成腸活鮮食後
狗狗似乎有點夏日倦怠

> 除了飲食之外也要
> 注意狗狗的**生活空間**！

　夏天是一個很消耗體力的季節，所以可以適量地增加餵食量。同時也要注意狗狗的水分是否攝取不足的情況，要確認牠一天攝取了多少水分。另外，房間溫度過低也有可能讓狗狗循環不良。由於狗狗的生活空間位於我們的腳邊，所以冷氣對牠們來說可能會比我們人類感受到的還要更冷，飼主務必要確認室內的溫度和溼度。

05
換了食材
狗狗變得
不太相信我餵的飯

> 試著想像一下**如果是自己的話**會有什麼感覺！

　　我們自己在看到從未吃過的食材時也會感到猶豫，所以可以試著想想看「如果是自己的話，飯菜弄成什麼樣子自己才會想吃？」。例如可以將食材切碎或打成糊狀然後混入肉類或魚類中餵食，或是添加一樣狗狗喜歡吃的食物，這樣牠可能會更願意接受而順利吃下。

06
狗狗好像
有點肚子脹氣的樣子

> **有很多原因**都可能造成狗狗肚子脹氣。

　　引起脹氣的原因很多，吃得太快或是囫圇吞棗的狗狗，在進食時會把空氣一起吞下去，就可能造成脹氣。

　　此外，少數狗狗可能會出現類似人類小腸菌叢過度增生（Small intestinal bacterial overgrowth, SIBO）的症狀。人類在 SIBO 的情況下，原本對腸道健康有益的食材可能會變得有害，因此最好要完全避免這些食材。

　　從身體的狀態來看，當出現便祕或拉肚子等消化道症狀時，通常意味著腸道環境失衡，於是讓壞菌產生氣體造成腸道內有氣體堆積。

　　這種情況在東洋醫學中被稱為「氣滯」，因為壓力導致腸道的氣不順，有時就可能引起脹氣的現象。

　　而狗狗放屁則是正常的生理反應，不用刻意去控制，但如果放屁太過頻繁或是氣味異常難聞時，則建議向獸醫師諮詢。

07
高齡犬也可以進行腸道健康生活嗎？

高齡犬更要
重視腸道健康生活！

隨著年齡增長，狗狗的腸道功能會逐漸衰退，加上食物和水分的攝取量減少，會變得比較容易便祕。

這種情況下雖然應該多攝取一些富含膳食纖維的食材，但因為膳食纖維不易消化，所以針對高齡犬，飼主需要多花一點心思來處理食材，例如將食材切碎，或是燉煮等方式來進行烹調。而便祕的狗狗一旦攝取過多的不可溶性膳食纖維，這些纖維會吸收掉腸內的水分，反而讓便祕的情況更為嚴重。因此，容易便祕的狗狗應該要多攝取可溶性膳食纖維，並且在攝取不可溶性膳食纖維的同時，增加水分的攝取。不過如果狗狗本身患有某些疾病的話，請先與獸醫師討論後再做決定。

08
工作太忙了無法煮鮮食

可以**提前做好**保存起來喔！

如果可以在放假日事先製作好鮮食並冷凍保存起來的話，那麼在上班日就也能輕鬆讓狗狗吃到手作鮮食。因為是已經完成的腸活鮮食，只要在用餐前用微波爐或隔水加熱來解凍就可以了！不過，如果真的又忙又累的時候，說不定連解凍都會覺得麻煩⋯⋯這種時候，使用市售產品也沒關係。畢竟飲食是每天的事，重要的是飼主能夠在不勉強的情況下持續進行。

09
腸活鮮食＋營養補充品攝取這樣就夠了嗎？

腸道健康生活
也要適度

在腸道健康生活的食材以外，攝取過多有助腸道健康的營養補充品也可能帶來負面影響。不僅是腸道保健，所謂過猶不及，任何事物都應該避免做過頭或是攝取過量。請牢記「適度」的重要性喔！

10
腸道健康生活
能夠幫狗狗減重嗎？

除了腸活鮮食之外
也要注意**水分攝取及運動量**
等因素！

　一旦腸道內的壞菌增加時，就無法順利地消化吃下去的食物，讓脂肪容易囤積在體內。因此透過腸道健康生活來調整腸道環境，打造出有利於好菌作用的環境，就能夠幫助狗狗變成易瘦的體質。然而，想要減重除了「腸活鮮食」之外，還需要「適量的水分」、「適當的運動量」與「充足的睡眠」三大支柱。這四個方面都有助於全身的血液循環，提高狗狗的基礎代謝率。

狗狗腸道健康生活 Q＆A

11
腸道健康生活之外應該養成的習慣

也要做好狗狗的口腔保健

無論腸道環境調整得多麼良好，如果忽略了口腔或牙齒的保健，口腔內的細菌就會對腸道環境造成不良的影響。口腔是消化道的入口，所以每天刷牙也有助於腸道健康生活。不過要記得不能操之過急，如果突然用牙刷去刷狗狗的牙齒，狗狗可能會抗拒甚至掙扎，可以先從讓狗狗習慣嘴巴周圍被觸摸的感覺開始訓練。

12
聽說可以進行輕斷食法，是真的嗎？

如果是身體健康的狗狗偶爾可以來一次輕斷食。

食物在進入胃腸之後，身體會消耗能量去消化它們。若胃腸處於隨時有食物進入的狀態，那就像是在跑全程馬拉松的狀態一樣。對於年輕有活力，沒有生病的狗狗，偶爾嘗試一次例如略過早餐的輕斷食，可以讓胃腸稍微休息一下。讓胃腸能有一段沒有食物進入的時間，身體更容易發揮排毒的作用，進而還可能抑制皮膚發炎和改善過敏症狀。如果很難做到斷食的話，也可以試著安排一天不給零食。此外，如果狗狗出現拉肚子或嘔吐的症狀但卻一副沒事的樣子，精神和食慾也正常的話，此時也可以考慮禁食一下。若是拉肚子的話可以給予少量的溫湯防止脫水，嘔吐的話則最好禁水 6 個小時左右。不過如果狗狗有精神萎靡的情況，或是出現嚴重腹瀉或嘔吐，請立刻帶狗狗就醫。

13

為了腸道健康生活 我有給狗狗吃優格

豆乳優格
比牛奶優格更合適。

優格中如果含有乳糖的話，因為大部分狗狗都有乳糖不耐症，所以吃了之後可能會比較容易拉肚子，腸道環境也比較容易失衡。此外，α-酪蛋白或許可能會引起腸道發炎，因此在想要給狗狗吃優格的時候，最好選擇以豆乳製作的產品。

14

我想要為狗狗製作自己的腸活食譜！

可以根據愛犬的喜好來製作看看唷！

本書中收錄了 20 道腸活鮮食食譜及 5 樣腸活零食食譜，但如果要實際讓狗狗 365 天都能吃到腸活鮮食的話，這些食譜的數量遠遠不夠。而能夠了解狗狗喜好的只有身為飼主的您，所以作者非常鼓勵飼主可以根據狗狗的喜好來替換食材，或創作新的食譜！

只要有使用對腸道有益的食材，然後配合狗狗的喜好以蛋白質 1：蔬菜 1～2：碳水化合物 0.5 的比例製作即可。狗狗和人類一樣，均衡地攝取多種食材十分重要。在製作狗狗的鮮食時，記得不要使用對狗狗有害的食材，並且要注意調味料中的添加物，此外，由於碳水化合物中含有膳食纖維，若是完全拿掉反而可能會讓腸道環境惡化。只不過若是狗狗罹患癌症的話，則應該減少碳水化合物（尤其是糖分）的攝取量。

※ 對狗狗有害的食材，請參考《獸醫師的狗狗長壽鮮食》（世界文化社）第 48 頁。

15

調整腸內環境除了有益健康還有呢？

狗狗的情緒會變得穩定不再焦慮不安！

還能夠讓狗狗的自律神經會變得穩定。自律神經分為交感神經和副交感神經，交感神經活躍時會抑制腸道活動，而副交感神經活躍時則會促進腸道活動。一旦自律神經失調的話，腸道的蠕動就會失控，導致拉肚子或是便祕的情況發生，並且還會增加壞菌的比例。狗狗一旦感受到壓力就會刺激交感神經讓腸道活動受到抑制，因此身為飼主記得要給狗狗一個能夠放鬆的生活環境。

16

腸活食譜中
需要添加營養補充品嗎？

利用營養補充品補充缺乏的礦物質！

若狗狗吃的是自製鮮食的話，只靠食材很難補充到足夠的微量營養素（尤其是鋅、鐵、鈣等礦物質），而若是長期缺乏這些營養素可能會危害到狗狗的健康。礦物質對於狗狗骨骼和牙齒的形成、神經傳導及細胞功能非常重要，是維持身體正常運作不可或缺的營養素，所以建議飼主可以利用營養補充品來補足這些容易缺乏的營養素。

17

可以與狗狗的飼料
一起餵食嗎？

當然可以。

腸活鮮食可以與狗狗飼料一起餵食。不過比起今天吃腸活鮮食、明天吃飼料的模式，直接在飼料上添加腸活鮮食對胃腸的造成的負擔會比較輕。最理想的就是能夠持之以恆，這樣才有助於狗狗的健康長壽！

18

要怎麼找出
對狗狗腸道有益的
食材呢？

每天去觀察腸道發出的信號。

讓狗狗每天持續食用對腸道有益的食物並持續1～2週，然後觀察牠們糞便的狀態。腸道菌叢的失衡會引發多種疾病，筆者經常對飼主說「狗狗的便便就是牠給您的情書」，這是因為狗狗每天的便便會反映出牠們身體的變化，所以請在收下這封「情書」的同時，找到適合愛犬的食材吧！

腸道健康生活的檢查清單

- ☑ 攝取發酵食品
- ☑ 攝取膳食纖維
- ☑ 營養均衡的食物
- ☑ 一定要檢查狗狗的糞便

狗狗腸道健康生活 Q & A

結語

許多研究
正在逐步揭開
狗狗腸道的奧祕

　　大家覺得本書的內容如何呢？在人類的世界中，目前已逐步發現腸道菌叢對排除病原體、過度免疫造成的發炎性疾病等免疫功能也有很大的影響，現在也有許多的相關研究正在日新月異地進行當中。

　　這一點在狗狗的世界裡也是一樣的。尤其是現代的狗狗在生活與飲食日漸多樣化的同時，卻也有很多病例卻顯示出這些情況往往也會成為狗狗的壓力來源。

　　腸道負責了大約七成的免疫功能，保持腸道健康不僅僅是打造抗病體質的基礎，腸道還與各種器官息息相關，所以腸道健康生活對於生活在現代的狗狗而言可說是至關重要。若是從更廣義的角度來看，保持從口腔到肛門整個消化道的健康，可以說就是長壽的祕訣。

　　狗狗在成年之後，雖然身體已具備有一定程度的自我調節能力，但幼犬時期腸道環境還不穩定，邁入高齡之後也很容易出現腸道問題。

　　因此飼主若能從狗狗幼年時期就開始注重牠們的腸道健康生活，相信就能打造出不知疾病為何物的強健體質，讓狗狗過得更開心。

Special Thanks!!!

艾露　小律　衛門　小鐵　柴柴　桃子

原書製作	Photo 武蔵俊介／Styling 綱渕礼子
	Cooking & Seasoning 河村祐茉
	Cooking Assistant 齊藤理紗子
	Illustration 尚味／Art Direction & Design 太田玄絵
	Sales 大槻茉未／Promotion 霜田真宏
	Production 中谷正史
	Special thanks 宮川あずさ、村田理江、UTUWA
	Composition & Text 橋本優香／Edit 宮本珠希

參考資料
文部科学省 食品成分データベース
『新しい腸の教科書 健康なカラダは、すべて腸から始まる』江田 証 著 池田書店
『病気にならない乳酸菌生活』藤田紘一郎 著 ＰＨＰ研究所
『人と犬のココロとカラダが HAPPY WORK 愛犬のリフレクソロジートリートメント入門』クリスチャン・ヨンセン 著 ロネ・ソレンセン 著 飯野由佳子 監修・翻訳 BAB ジャパン

國家圖書館出版品預行編目資料

狗狗健康腸道生活法／林 美彩著；古山範子監修；高慧芳譯. -- 初版. -- 臺中市：晨星出版有限公司, 2025.4
128 面；16×22.5cm. --（寵物館；127）
譯自：獣医師が考案した ワンコの長生き腸活ごはん
ISBN 978-626-420-065-3（平裝）

1.CST: 犬　2.CST: 寵物飼養　3.CST: 胃腸疾病

437.354　　　　　　　　　　　　　　114001057

寵物館 127

狗狗健康腸道生活法
獣医師が考案した ワンコの長生き腸活ごはん

作者	林　美彩
監修	古山範子
譯者	高慧芳
編輯	余順琪
特約編輯	楊荏喻
美術編輯	林姿秀
封面設計	高鍾琪
創辦人	陳銘民
發行所	晨星出版有限公司
	407台中市西屯區工業30路1號1樓
	TEL：04-23595820　FAX：04-23550581
	行政院新聞局局版台業字第2500號
法律顧問	陳思成律師
初版	西元2025年04月15日
讀者服務專線	TEL:（02）23672044／（04）23595819#212
讀者傳真專線	FAX:（02）23635741／（04）23595493
讀者專用信箱	service@morningstar.com.tw
網路書店	http://www.morningstar.com.tw
郵政劃撥	15060393（知己圖書股份有限公司）
印刷	上好印刷股份有限公司

掃瞄QRcode，
填寫線上回函！

定價380元
ISBN 978-626-420-065-3

JUISHI GA KOANSHITA WANKO NO NAGAIKI CHOKATSU GOHAN
written by Misae Hayashi, supervised by Noriko Furuyama
Copyright © 2024 Misae Hayashi
All rights reserved.
Original Japanese edition published in 2024 by Sekaibunkasha Inc., Tokyo.
This Traditional Chinese language edition is published by arrangement with
Sekaibunka Holdings Inc., Tokyo in care of Tuttle-Mori Agency, Inc., Tokyo
through Future View Technology Ltd., Taipei.

版權所有・翻印必究
（缺頁或破損的書，請寄回更換）